高职高专实验实训"十二五"规划教材

自动检测及过程控制实验实训指导

主编 张国勤 肖红征

U0323061

北 京

冶 金 工 业 出 版 社

2019

内 容 提 要

本书共分三部分。第一部分主要介绍了 GL – 2006 型传感器实验台的组成和 THSA – 1 型综合自动化控制系统实验装置的软、硬件构成原理及使用说明。第二部分主要针对不同实验的实验目的、实验原理、所需实验设备、实验步骤等方面进行详细说明。第三部分结合项目式教学,设计了数字式温度计设计、制作及电恒温箱 PID 参数的整定两个综合性的实训课题,以进一步提高学生对所学知识的综合运用能力。

本书可以作为大、中专院校电气、仪表和机电等专业学生学习"传感器检测与转换技术""过程控制""自动化仪表""自动控制理论""计算机控制""DCS 分布式控制"及"PLC 可编程控制"等课程的实验实训类教材,也可以作为工业传感器培训方面的实验指导书。

图书在版编目(CIP)数据

自动检测及过程控制实验实训指导/张国勤,肖红征主编 . —北京:冶金工业出版社,2015. 7 (2019.6 重印)

高职高专实验实训"十二五"规划教材

ISBN 978-7-5024-7003-6

Ⅰ. ①自… Ⅱ. ①张… ②肖… Ⅲ. ①自动检测—高等职业教育—教学参考资料 ②过程控制—高等职业教育—教学参考资料 Ⅳ. ①TP27

中国版本图书馆 CIP 数据核字(2015)第 158008 号

出 版 人 谭学余
地　　址 北京市东城区嵩祝院北巷 39 号 邮编 100009 电话 (010)64027926
网　　址 www. cnmip. com. cn 电子信箱 yjcbs@ cnmip. com. cn
责任编辑 俞跃春 李 臻 美术编辑 彭子赫 版式设计 葛新霞
责任校对 郑 娟 责任印制 牛晓波
ISBN 978-7-5024-7003-6
冶金工业出版社出版发行;各地新华书店经销;三河市双峰印刷装订有限公司印刷
2015 年 7 月第 1 版,2019 年 6 月第 2 次印刷
787mm×1092mm 1/16;10 印张;239 千字;146 页
28. 00 元

冶金工业出版社 投稿电话 (010)64027932 投稿信箱 tougao@ cnmip. com. cn
冶金工业出版社营销中心 电话 (010)64044283 传真 (010)64027893
冶金工业出版社天猫旗舰店 yjgycbs. tmall. com
(本书如有印装质量问题,本社营销中心负责退换)

前　言

　　本书是针对包括 GL - 2006 型传感器实验台和 THJ - 3 型高级过程控制对象系统实验装置而编写的。GL - 2006 型传感器实验台主要用于"传感器原理与技术""非电量电测技术""工业自动化仪表与控制""机械量电测"等课程的教学；THJ - 3 型高级过程控制对象系统实验装置结合了当今工业现场过程控制的现状，是一套集自动化仪表技术、计算机技术、通信技术、自动控制技术及现场总线技术为一体的多功能实验设备。

　　本教材以学习情境为驱动，以学习任务为内容依据，为配合高职院校自动化及相关专业的教学和实验而设计编写的，基本能满足"传感器检测与转换技术""过程控制""自动化仪表""自动控制理论""计算机控制""单片机控制""DCS 分布式控制"及"PLC 可编程控制"等课程实验的教学要求。

　　本书共分三部分。第一部分主要介绍了 GL - 2006 型传感器实验台的组成和 THSA - 1 型综合自动化控制系统实验装置的软、硬件构成原理及使用说明，以及所涉及的实验实训项目。第二部分主要针对不同实验的实验目的、实验原理、所需实验设备、实验步骤等方面进行详细说明。第三部分结合项目式教学，设计了两个实训课题，以进一步提高学生对所学知识的综合运用的能力。

　　本书在编写过程中，攀钢钛业公司的高级工程师蒋云和攀钢轨梁厂的高级工程师刘自彩等提出了很多宝贵的意见和建议，在此致以诚挚的谢意！

　　由于编写时间仓促，书中的缺点在所难免，敬请读者批评指正。

作　者
2015 年 5 月

目　录

第一部分　自动检测及过程控制实验实训系统

自动检测及过程控制实验实训系统主要由 GL－2006 型传感器实验台和 THJ－3 型高级过程控制对象系统实验装置组成，它是一套结合了当今工业现场过程控制的现状，集自动化仪表技术、计算机技术、通信技术、自动控制技术及现场总线技术为一体的多功能实验设备。

该实验设备的结构与线路是工业应用的基础，希望通过实验帮助学生加强对书本知识的理解，并在实验的进行过程中，通过信号的拾取、转换、分析，掌握作为一个科技工作者应具有的基本的操作技能与动手能力。

1　GL－2006 型传感器实验台介绍

1.1　实验台的组成

CSY－2000 系列传感器与检测技术实验台由主机箱、温度源、转动源、振动源、传感器、相应的实验模板、数据采集卡及处理软件、实验台桌等组成，如图 1－1 所示。

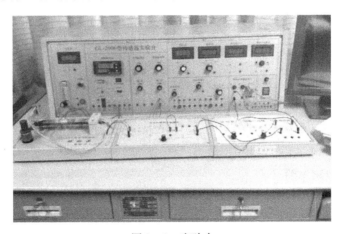

图 1－1　实验台

（1）主机箱：提供高稳定的 ±15V、±5V、+5V、±2～±10V（步进可调）、+2～+24V（连续可调）直流稳压电源；音频信号源（音频振荡器）1～10kHz（连续可调）；低频信号源（低频振荡器）1～30Hz（连续可调）；气压源 0～20kPa（可调）；温度（转速）智能调节仪；计算机通信口；主机箱面板上装有电压、频率转速、气压、计时器数显表；漏电保护开关等。其中，直流稳压电源、音频振荡器、低频振荡器都具有过载切断保护功能，在排除接线错误后重新开机恢复正常工作。

（2）振动源：振动台振动频率 1～30Hz 可调（谐振频率 9Hz 左右）。

转动源：手动控制 $0 \sim 2400 r/min$；自动控制 $300 \sim 2400 r/min$。

温度源：常温 $\sim 180℃$。

（3）传感器：基本型有电阻应变式传感器、扩散硅压力传感器、差动变压器、电容式位移传感器、霍尔式位移传感器、霍尔式转速传感器、磁电转速传感器、压电式传感器、电涡流传感器、光纤传感器、光电转速传感器（光电断续器）、集成温度（AD590）传感器、K 型热电偶、E 型热电偶、Pt100 铂电阻、Cu50 铜电阻、湿敏传感器、气敏传感器共十八个。

（4）实验模板：基本型有应变式、压力、差动变压器、电容式、霍尔式、压电式、电涡流、光纤位移、温度、移相/相敏检波/低通滤波共十块模板。

（5）数据采集卡及处理软件，另附。

（6）实验台：尺寸为 $1600mm \times 800mm \times 750mm$，实验台上预留了计算机及示波器安放位置。

1.2　电路原理

实验模板电路原理已印刷在模板的面板上，实验接线图参见书中的具体实验内容。

1.3　使用方法

（1）开机前将电压表显示选择旋钮打到 2V 挡；电流表显示选择旋钮打到 200mA 挡；步进可调直流稳压电源旋钮打到 ±2V 挡；其余旋钮都打到中间位置。

（2）将 AC 220V 电源线插头插入市电插座中，合上电源开关，数显表显示 0000，表示实验台已接通电源。

（3）做每个实验前应先阅读实验指南，每个实验均应在断开电源的状态下按实验线路接好连接线（实验中用到可调直流电源时，应在该电源调到实验值后再接到实验线路中），检查无误后方可接通电源。

（4）合上调节仪（温度开关）电源开关，调节仪的 PV 显示测量值；SV 显示设定值。

（5）合上气源开关，气泵有声响，说明气泵工作正常。

（6）数据采集卡及处理软件使用方法另附说明。

1.4　仪器维护及故障排除

（1）维护：

1）防止硬物撞击、划伤实验台面；防止传感器及实验模板跌落至地面。

2）实验完毕要将传感器、配件、实验模板及连线全部整理好。

（2）故障排除：

1）开机后数显表都无显示，应查 AC 220V 电源有否接通；主机箱侧面 AC 220V 插座中的保险丝是否烧断。如都正常，则更换主机箱中主机电源。

2）转动源不工作，则手动输入 +12V 电压，如不工作，更换转动源；如工作正常，应查调节仪设置是否准确；控制输出 V_0 有无电压，如无电压，更换主机箱中的转速控制板。

3）振动源不工作，检查主机箱面板上的低频振荡器有无输出，如无输出，更换信号板；如有输出，更换振动源的振荡线圈。

　　4）温度源不工作，检查温度源电源开关有否打开；温度源的保险丝是否烧断；调节仪设置是否准确。如都正常，则更换温度源。

1.5　注意事项

　　（1）在实验前务必详细阅读实验指南。

　　（2）严禁用酒精、有机溶剂或其他具有腐蚀性溶液擦洗主机箱的面板和实验模板面板。

　　（3）请勿将主机箱的电源、信号源输出端与地（⊥）短接，因短接时间长易造成电路故障。

　　（4）请勿将主机箱的±电源引入实验模板时接错。

　　（5）在更换接线时，应断开电源，只有在确保接线无误后方可接通电源。

　　（6）实验完毕后，请将传感器及实验模板放回原处。

　　（7）如果实验台长期未通电使用，在实验前先通电10min预热，再检查按一次漏电保护按钮是否有效。

　　（8）实验接线时，要握住手柄插拔实验线，不能拉扯实验线。

2 THJ-3型高级过程控制对象系统实验装置介绍

实验对象总貌图如图2-1所示。

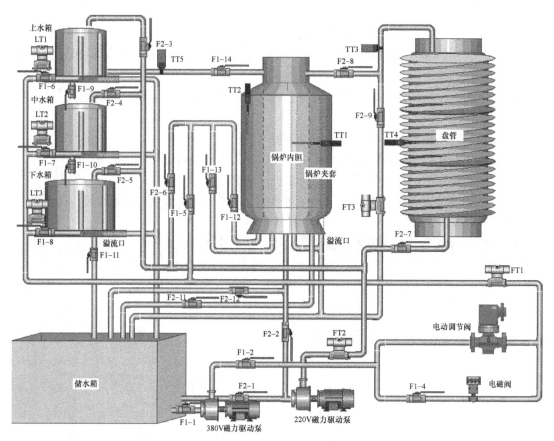

图 2-1 实验对象总貌图

本实验装置对象主要由水箱、锅炉和盘管三大部分组成。供水系统有两路：一路由三相（380V 恒压供水）磁力驱动泵、电动调节阀、直流电磁阀、涡轮流量计及手动调节阀组成；另一路由变频器、三相磁力驱动泵（220V 变频调速）、涡轮流量计及手动调节阀组成。

2.1 被控对象

被控对象由不锈钢储水箱、（上、中、下）三个串接有机玻璃水箱、4.5kW 三相电加热模拟锅炉（由不锈钢锅炉内胆加温筒和封闭式锅炉夹套构成）、盘管、覆塑不锈钢管道及阀门等组成。

（1）水箱：包括上水箱、中水箱、下水箱和储水箱。上、中、下水箱采用淡蓝色优质有机玻璃，不但坚实耐用，而且透明度高，便于学生直接观察液位的变化和记录结果。上、中水箱尺寸均为：$D = 25\text{cm}$，$H = 20\text{cm}$；下水箱尺寸为：$D = 35\text{cm}$，$H = 20\text{cm}$。水箱结构独特，由三个槽组成，分别为缓冲槽、工作槽和出水槽，进水时水管的水先流入缓冲槽，出水时工作槽的水经过带燕尾槽的隔板流入出水槽，这样经过缓冲和线性化的处理，工作槽的液位较为稳定，便于观察。水箱底部均接有扩散硅压力传感器与变送器，可对水箱的压力和液位进行检测和变送。上、中、下水箱可以组合成一阶、二阶、三阶单回路液位控制系统和双闭环、三闭环液位串级控制系统。储水箱由不锈钢板制成，尺寸为：长×宽×高＝68cm×52cm×43cm，完全能满足上、中、下水箱的实验供水需要。储水箱内部有两个椭圆形塑料过滤网罩，以防杂物进入水泵和管道。

（2）模拟锅炉：是利用电加热管加热的常压锅炉，包括加热层（锅炉内胆）和冷却层（锅炉夹套），均由不锈钢精制而成，可利用它进行温度实验。做温度实验时，冷却层的循环水可以使加热层的热量快速散发，使加热层的温度快速下降。冷却层和加热层都装有温度传感器检测其温度，可完成温度的定值控制、串级控制、前馈－反馈控制、解耦控制等实验。

（3）盘管：模拟工业现场的管道输送和滞后环节，长37m（43圈），在盘管上有三个不同的温度检测点，它们的滞后时间常数不同，在实验过程中可根据不同的实验需要选择不同的温度检测点。盘管的出水通过手动阀门的切换既可以流入锅炉内胆，也可以经过涡轮流量计流回储水箱。它可用来完成温度的滞后和流量纯滞后控制实验。

（4）管道及阀门：整个系统管道由覆塑不锈钢管连接而成，所有的手动阀门均采用优质球阀，彻底避免了管道系统生锈的可能性，有效提高了实验装置的使用年限。其中储水箱底部有一个出水阀，当水箱需要更换水时，把球阀打开将水直接排出。

2.2　检测装置

（1）压力传感器、变送器：三个压力传感器分别用来对上、中、下三个水箱的液位（差压式液位）进行检测，其量程为0～5kPa，精度为0.5级。采用工业用的扩散硅压力变送器，带不锈钢隔离膜片，同时采用信号隔离技术，对传感器温度漂移跟随补偿。采用标准二线制传输方式，工作时需提供24V直流电源，输出：4～20mA DC。

（2）温度传感器：装置中采用了六个Pt100铂热电阻温度传感器，分别用来检测锅炉内胆、锅炉夹套、盘管（有3个测试点）以及上水箱出口的水温。Pt100测温范围：－200～＋420℃。经过调节器的温度变送器，可将温度信号转换成4～20mA直流电流信号。Pt100传感器精度高，热补偿性较好。

（3）模拟转换器：三个模拟转换器（涡轮流量计）分别用来对由电动调节阀控制的动力支路、由变频器控制的动力支路及盘管出口处的流量进行检测。它的优点是测量精度高，反应快。采用标准二线制传输方式，工作时需提供24V直流电源。流量范围：0～1.2m^3/h；精度：1.0%；输出：4～20mA DC。

2.3　执行机构

（1）电动调节阀：采用智能直行程电动调节阀，用来对控制回路的流量进行调节。电动调节阀型号为：QSTP－16K。具有精度高、技术先进、体积小、质量轻、推动力大、功能强、控制单元与电动执行机构一体化、可靠性高、操作方便等优点，电源为单相220V，控制信号为4～20mA DC或1～5V DC，输出为4～20mA DC的阀位信号，使用和校正非常方便。

（2）水泵：本装置采用磁力驱动泵，型号为 16CQ – 8P，流量为 30L/min，扬程为 8m，功率为 180W。泵体完全采用不锈钢材料，以防止生锈，使用寿命长。本装置采用两只磁力驱动泵，一只为三相 380V 恒压驱动，另一只为三相变频 220V 输出驱动。

（3）电磁阀：在本装置中作为电动调节阀的旁路，起到阶跃干扰的作用。电磁阀型号为：2W – 160 – 25；工作压力：最小压力为 0MPa，最大压力为 0.7MPa；工作温度：–5 ~ 80℃；工作电压：24V DC。

（4）三相电加热管：由三根 1.5kW 电加热管星形连接而成，用来对锅炉内胆内的水进行加温，每根加热管的电阻值约为 50Ω。

3　THSA - 1 型过程控制综合自动化控制系统实验平台

"THSA - 1 型过程控制综合自动化控制系统实验平台"主要由控制屏组件、智能仪表控制组件、远程数据采集控制组件、DCS 分布式控制组件、PLC 控制组件等几部分组成。

3.1　控制屏组件

（1）SA - 01 电源控制屏面板。充分考虑人身安全保护，装有漏电保护空气开关、电压型漏电保护器、电流型漏电保护器。图 3 - 1 为电源控制屏示意图。接上三相四线电源控制屏两侧的插座均带电，合上总电源空气开关及钥匙开关，此时三只电压表均指示380V 左右，定时器兼报警记录仪数显亮，停止按钮灯亮，照明灯亮，此时打开 24V 开关电源即可提供 24V 电。按下启动按钮，停止按钮灯熄，启动按钮灯亮，此时合上三相电源、单相Ⅰ、单相Ⅱ、单相Ⅲ空气开关即可提供相应电源输出，作为其他组件的供电电源。

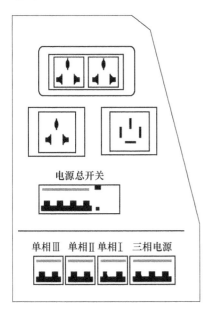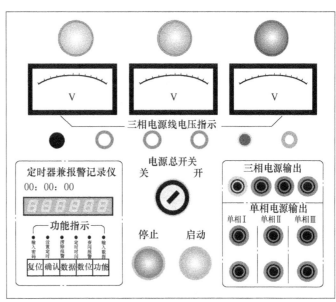

图 3 - 1　电源控制屏示意图

（2）SA - 02 I/O 信号接口面板。该面板的作用主要是通过航空插头（一端与对象系统连接）将各传感器检测信号及执行器控制信号同面板上自锁紧插孔相连，便于学生自行连线组成不同的控制系统。

（3）SA - 11 交流变频控制挂件（图 3 - 2）。采用日本三菱公司的 FR - S520SE - 0.4K - CHR 型变频器，控制信号输入为 4 ~ 20mA DC 或 0 ~ 5V DC，交流 220V 变频输出用来驱动三相磁力驱动泵。有关变频器的使用请参考变频器使用手册中相关的内容。变频器常用参数设置：

P30 = 1；P53 = 1；P62 = 4；P79 = 0。

（4）三相移相 SCR 调压装置、位式控制接触器。采用三相可控硅移相触发装置，输入控制信号为 4~20mA 的标准电流信号，其移相触发角与输入控制电流成正比。输出交流电压用来控制电加热器的端电压，从而实现锅炉温度的连续控制。

位式控制接触器和 AI-708 仪表一起使用，通过 AI-708 仪表输出继电器触点的通断来控制交流接触器的通断，从而完成锅炉水温的位式控制实验。

3.2　智能仪表控制组件

智能调节仪表挂件采用上海万迅仪表有限公司生产的 AI 系列全通用人工智能调节仪表，如图 3-3 所示，其中 SA-12 智能调节仪控制挂件为 AI-818 型。AI-818 型仪表为 PID 控制型，输出为 4~20mA DC 信号；AI 系列仪表通过 RS485 串口通信协议与上位计算机通讯，从而实现系统的实时监控。

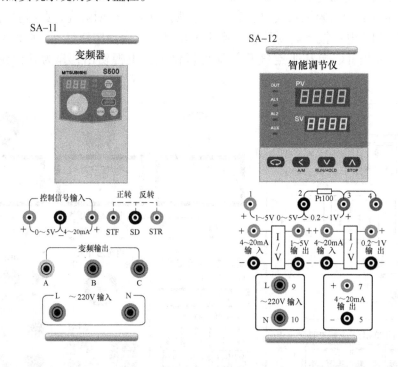

图 3-2　交流交频控制挂件　　　图 3-3　智能调节仪

AI 仪表常用参数设置：

CtrL：控制方式。CtrL=0，采用位式控制；CtrL=1，采用 AI 人工智能调节/PID 调节；CtrL=2，启动自整定参数功能；CtrL=3，自整定结束。

Sn：输入规格。Sn=21，Pt100 热电阻输入；Sn=32，0.2~1V DC 电压输入；Sn=33，1~5V DC 电压输入。

DIL：输入下限显示值，一般 DIL=0；热电阻输入不用设置此项。

DIH：输入上限显示值。输入为液位信号时，DIH=50.0；输入为流量信号时，DIH=20.0；热电阻输入不用设置此项。

OP1：输出方式，一般 OP1=4 为 4~20mA 线性电流输出。

CF：系统功能选择。CF=0 为内部给定，反作用调节；CF=1 为内部给定，正作用调节；CF = 8 为外部给定，反作用调节；CF = 9 为外部给定，正作用调节。

Addr：通讯地址。单回路实验 Addr = 1；串级实验主控为 Addr = 1，副控为 Addr = 2；三闭环实验主控为 Addr = 1，副控为 Addr = 2，内环为 Addr = 3。实验中各仪表通讯地址不允许相同。P、I、D 参数可根据实验需要调整，其他参数请参考默认设置。

3.3　远程数据采集控制组件

远程数据采集控制即我们通常所说的直接数字控制（DDC），它的特点是以计算机代替模拟调节器进行控制，并通过数据采集板卡或模块进行 A/D、D/A 转换，控制算法全部在计算机上实现。在本装置中远程数据采集控制系统包括 SA – 21 远程数据采集热电阻输入模块挂件、SA – 22 远程数据采集模拟量输入模块挂件、SA – 23 远程数据采集模拟量输出模块挂件。

其中 R – 8017 是 8 路模拟量输入模块，R – 8024 是 4 路模拟量输出模块，R – 8033 是 3 路热电阻输入模块。RemoDAQ8000 系列智能采集模块通过 RS485 等串行口通讯协议与 PC 相连，由 PC 中的算法及程序控制并实现数据采集模块对现场的模拟量、开关量信号的输入和输出、脉冲信号的计数和测量脉冲频率等功能。图 3 – 4 所示即为远程数据采集控制系统框图。图中输入输出通道即为 RemoDAQ8000 智能采集模块。关于 RemoDAQ8000 智能模块的具体使用请参考装置附带的光盘中的相关内容。

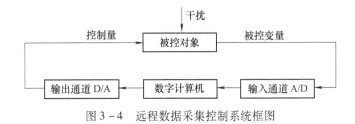

图 3 – 4　远程数据采集控制系统框图

3.4　DCS 分布式控制组件

分布式控制系统（DCS），国内也称为集散控制系统，它的特点是将危险分散化，而监视、操作和管理集中化，因而具有很高的可靠性和灵活性。本装置采用北京和利时公司生产的 MACS 系统，包括一台操作员站兼工程师站、一台服务器、一台现场主控单元和三个挂件，即 FM148 现场总线远程 I/O 模块挂件、FM143 现场总线远程 I/O 模块挂件和 FM151 现场总线远程 I/O 模块挂件，其中 FM148 为 8 路模拟量输入模块、FM143 为 8 路热电阻输入模块、FM151 为 8 路模拟量输出模块。图 3 – 5 所示为 MACSV 系统结构图。有关 MACSV 系统软硬件的具体使用请参考装置附带的光盘中相关的内容。

3.5　PLC 控制组件

可编程控制器（简称 PLC）是专为在工业环境下应用的一种数字运算操作的电子系统。目前国内外 PLC 品种繁多，生产 PLC 的厂商也很多，其中德国西门子公司在 S5 系列 PLC 的基础上推出了 S7 系列 PLC，性能价格比越来越高。S7 系列 PLC 有很强的模拟量处理能力和数字运算功能，具有许多过去大型 PLC 才有的功能，其扫描速度甚至超过了许多

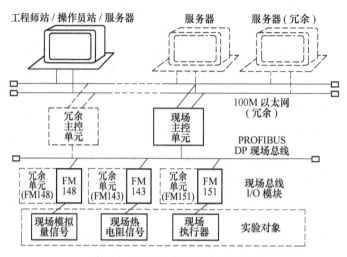

图 3 - 5　DCS 分布式系统框图

大型的 PLC，S7 系列 PLC 功能强、速度快、扩展灵活，并具有紧凑的、无槽位限制的模块化结构，因而在国内工控现场得到了广泛的应用。在本装置中采用了 S7 - 200、S7 - 300PLC 两套控制系统，两套系统各有特点且区别较大，以使学生对西门子中小型 PLC 有较深入的了解。这两套系统包括 SA - 44 S7 - 200PLC 可编程控制器挂件和 SA - 41 S7 - 300PLC 可编程控制器挂件。

4　实验实训项目

实验一　应变片单臂电桥性能实验

实验二　应变片半桥性能实验

实验三　应变片全桥性能实验

实验四　应变片单臂、半桥、全桥性能比较实验

实验五　应变片的温度影响实验

实验六　移相器、相敏检波器实验

实验七　应变片交流全桥的应用（应变仪）——振动测量实验

实验八　压阻式压力传感器测量压力特性实验

实验九　差动变压器的性能实验

实验十　激励频率对差动变压器特性的影响实验

实验十一　差动变压器零点残余电压补偿实验

实验十二　差动变压器测位移实验

实验十三　差动变压器的应用——振动测量实验

实验十四　电容式传感器的位移实验

实验十五　线性霍尔传感器位移特性实验

实验十六　线性霍尔传感器交流激励时的位移性能实验

实验十七　开关式霍尔传感器测转速实验

实验十八　磁电式传感器测转速实验

实验十九　压电式传感器测振动实验

实验二十　电涡流传感器测量位移实验

实验二十一　被测体材质对电涡流传感器的特性影响实验

实验二十二　被测体面积大小对电涡流传感器的特性影响实验

实验二十三　电涡流传感器测量振动实验

实验二十四　光纤位移传感器测位移特性实验

实验二十五　光电传感器测转速实验

实验二十六　Pt100 铂电阻测温特性实验

实验二十七　Cu50 铜热电阻测温特性实验

实验二十八　K 热电偶测温性能实验

实验二十九　K 热电偶冷端温度补偿实验

实验三十　E 热电偶测温性能实验

实验三十一　集成温度传感器温度特性实验

实验三十二　气敏传感器实验

实验三十三　湿敏传感器实验

实验三十四　光源的照度标定实验

实验三十五　光敏电阻特性实验

实验三十六　光敏二极管的特性实验

第二部分　实验指导

实验一　应变片单臂电桥性能实验

实验目的

了解电阻应变片的工作原理与应用，并掌握应变片测量电路。

基本原理

电阻应变效应：指具有规则外形的金属导体或半导体材料在外力作用下产生应变而其电阻值也会产生相应的改变，这一物理现象称为电阻应变效应。金属导体受到应变拉伸时电阻增大，压缩时电阻减小，且与其轴向应变成正比。

描述电阻应变效应的关系式为：$\Delta R/R = K\varepsilon$（$\Delta R/R$ 为电阻丝电阻相对变化，K 为应变灵敏系数，$\varepsilon = \Delta L/L$，为电阻丝长度相对变化）。

电阻应变式传感器是在弹性元件上通过特定工艺粘贴电阻应变片来组成的。它是一种利用电阻材料的应变效应将工程结构件的内部变形转换为电阻变化的传感器。此类传感器主要是通过一定的机械装置将被测量转化成弹性元件的变形，然后由电阻应变片将弹性元件的变形转换成电阻的变化，再通过测量电路电阻将电阻的变化转换成电压或电流变化信号输出。

本实验采用的是金属铂式应变片，为了将电阻应变式传感器的电阻变化转换成电压，一般采用电桥电路作为其测量电路。电桥电路按其工作方式分为单臂、双臂和全桥三种。单臂工作输出信号最小、线性、稳定性较差；双臂输出是单臂的两倍，性能比单臂有所改善；全桥工作时的输出是单臂时的四倍，性能最好。因此，为了获得较大的输出电压信号一般采用双臂或全桥工作。

单臂：

$$U_\circ = U_① - U_③$$
$$= [(R_1 + \Delta R_1)/(R_1 + \Delta R_1 + R_5) - R_7/(R_7 + R_6)]E$$
$$= \{[(R_1 + \Delta R_1)(R_7 + R_6) - R_7(R_1 + \Delta R_1 + R_5)]/(R_1 + \Delta R_1 + R_5)(R_7 + R_6)\}E$$

设 $R_1 = R_5 = R_6 = R_7$，且 $\Delta R_1/R_1 = \Delta R/R \ll 1$，$\Delta R/R = K\varepsilon$，$K$ 为灵敏度系数。

则　　　　　$U_\circ \approx (1/4)(R_1 + \Delta R_1)E = (1/4)(\Delta R/R)E = (1/4)K\varepsilon E$

需用实验器件

(1) 主机箱中的 $\pm 2 \sim \pm 10\text{V}$（步进可调）直流稳压电源；

(2) $\pm 15\text{V}$ 直流稳压电源；

(3) 电压表；

（4）应变式传感实验模板；

（5）托盘、砝码；

（6）4（1/2）位数显万用表（自备）。

实验原理图

应变片单臂电桥性能实验原理图如图实 1-1 所示。

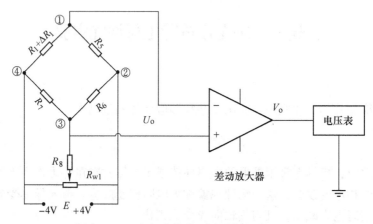

图实 1-1　应变片单臂电桥性能实验原理图

实验步骤

（1）将托盘安装到传感器上。

（2）测量应变片的阻值。当传感器的托盘上无重物时，分别测量应变片 R_1、R_2、R_3、R_4 的阻值。在传感器的托盘上放置 10 只砝码后再分别测量 R_1、R_2、R_3、R_4 的阻值变化，分析应变片的受力情况（受拉的应变片阻值变大，受压的应变片阻值变小。）

（3）实验模板中的差动放大器调零。按图实 1-2 接线，将主机箱上的电压表量程切换开关切换到 2V 挡，检查接线无误后合上主机箱电源开关。将 R_{w3} 增益旋钮放在最大位置，再调节 R_{w4} 使电压表显示为零，关闭主机箱电源。

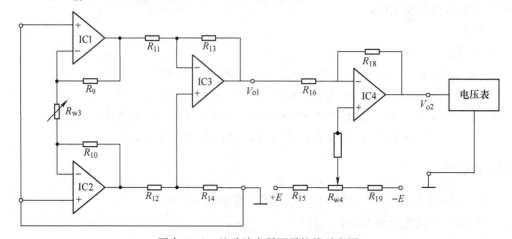

图实 1-2　差动放大器调零接线示意图

（4）应变片横梁平衡调零。按照图实1–1接线，将±2～±10V可调电源调节到±4V挡。检查接线无误后合上主机箱电源开关，调节实验模板上的电位器 R_{w1}，使主机箱电压表显示为零。

（5）应变片单臂电桥实验。在传感器的托盘上依次增加放置一只20g砝码，读取相应的数显表电压值，记下实验数据填入表实1–1中。

表实1–1 应变片单臂电桥的性能实验数据

质量/g										
电压/mV										

根据表实1–1的数据做出曲线，并计算系统灵敏度 $S = \Delta V / \Delta W$（ΔV 输出电压变化量，ΔW 质量变化量）和非线性误差 δ，$\delta = \Delta m / y_{FS} \times 100\%$，其中 Δm 为输出值（多次测量时为平均值）与拟合直线的最大偏差；y_{FS} 满量程输出平均值，此处为200g。实验完毕，关闭电源。

实验注意事项

（1）差动放大器调零，应变片调零后，$R_{w1} \sim R_{w4}$ 不允许再动。

（2）托盘上依次增加放置一只20g砝码，尽量靠近托盘的中心点放置。

实验二　应变片半桥性能实验

实验目的

了解应变片半桥（双臂）的工作特点及性能。

基本原理

应变片基本原理参阅实验一。应变片半桥特性实验原理如图实 2 - 1 所示。不同应力方向的两片应变片接入电桥作为邻边，输出灵敏度提高，非线性得到改善。其桥路输出电压为：

$$U_o \approx (1/2)(\Delta R/R)E = (1/2)K\varepsilon E$$

需用实验器件

（1）主机箱中的 $\pm 2 \sim \pm 10V$（步进可调）直流稳压电源；

（2）$\pm 15V$ 直流稳压电源；

（3）电压表；

（4）应变式传感器实验模板；

（5）托盘、砝码。

实验原理图

应变片半桥特性实验原理图如图实 2 - 1 所示。

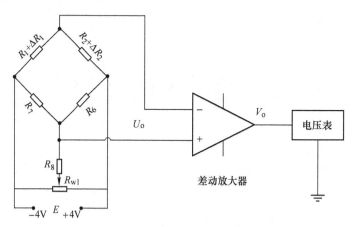

图实 2 - 1　应变片半桥特性实验原理图

实验步骤

（1）按实验一中的步骤（1）和步骤（3）实验后，关闭主机箱电源。

（2）按照图实 2 - 1 接线，其他按实验一中的步骤（4）、（5）依次实验。读取相应的数显表电压值，填入表实 2 - 1 中。

表实 2 – 1 应变片半桥实验数据

质量/g										
电压/mV										

（3）根据表实 2 – 1 的实验数据做出实验曲线，计算灵敏度 $S = \Delta V / \Delta W$，非线性误差 δ，实验完成后关闭电源。

实验注意事项

半桥测量时两片不同受力状态的电阻应变片接入电桥时，应放在邻近。

实验三　应变片全桥性能实验

实验目的

了解应变片全桥的工作特点及性能。

基本原理

应变片基本原理参阅实验一。应变片全桥特性实验原理如图实 3 – 1 所示。

应变片全桥测量电路中，将应力方向相同的两应变片接入电桥对边，相反的应变片接入电桥邻近。当应变片初始阻值：$R_1 = R_2 = R_3 = R_4$，其变化值 $\Delta R_1 = \Delta R_2 = \Delta R_3 = \Delta R_4$ 时，其桥路输出电压 $U_\mathrm{o} \approx (\Delta R/R)E = K\varepsilon E$。其输出灵敏度比半桥又提高了一倍，非线性得到改善。

需用器件与单元

（1）主机箱中的 ±2 ~ ±10V（步进可调）直流稳压电源；

（2）±15V 直流稳压电源；

（3）电压表；

（4）应变式传感器实验模板；

（5）托盘、砝码。

实验线路示意图

实验线路图如图实 3 – 1 所示。

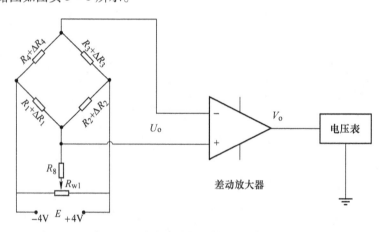

图实 3 – 1　应变片全桥性能实验接线示意图

实验步骤

（1）按实验一步骤（3）进行差动调零后断电。

（2）按图实 3 – 1 接线后再按实验一步骤（4）、（5）进行，并将实验数据填入表实

3-1 中。

表实 3-1　全桥性能实验数据

质量/g										
电压/mV										

（3）实验完毕，关闭电源。

（4）根据实验数据做出实验曲线并进行灵敏度和非线性误差计算。

实验注意事项

测量中，当两组对边（R_1、R_3 为对边）电阻值 R 相同时，即 $R_1 = R_3$，$R_2 = R_4$，而 $R_1 \neq R_2$ 时，是可以组成全桥的。

实验四　应变片单臂、半桥、全桥性能比较实验

实验目的

比较单臂、半桥、全桥输出时的灵敏度和非线性度，得出相应的结论。

基本原理

单臂、半桥、全桥的实验原理如图实 4 - 1 所示。

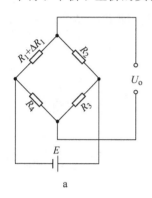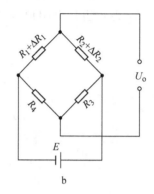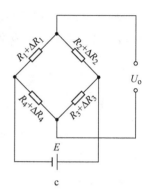

图实 4 - 1　应变电桥

a—单臂；b—半桥；c—全桥

对于单臂：
$$U_o = U_① - U_③$$
$$= [(R_1 + \Delta R_1)/(R_1 + \Delta R_1 + R_2) - R_4/(R_3 + R_4)]E$$
$$= [(1 + \Delta R_1/R_1)/(1 + \Delta R_1/R_1 + R_2/R_1) -$$
$$(R_4/R_3)/(1 + R_4/R_3)]E$$

设 $R_1 = R_2 = R_3 = R_4$，且 $\Delta R_1/R_1 \ll 1$
$$U_o \approx (1/4)(\Delta R_1/R_1)E$$

所以电桥的电压灵敏度为：$\quad S = U_o/(\Delta R_1/R_1) \approx kE = (1/4)E$

对于半桥：同理 $\quad\quad\quad\quad U_o \approx (1/2)(\Delta R_1/R_1)E$
$$S = (1/2)E$$

对于全桥：同理 $\quad\quad\quad\quad U_o \approx (\Delta R_1/R_1)E$
$$S = E$$

需用器件与单元

（1）主机箱中的 ±2 ~ ±10V（步进可调）直流稳压电源；

（2）±15V 直流稳压电源；

（3）电压表；

（4）应变式传感器实验模板；

（5）托盘；

（6）砝码。

实验步骤

根据实验一～实验三所得的单臂、半桥和全桥输出时的灵敏度和非线性度，从理论上进行分析比较。经实验验证阐述理由。实验完毕，关闭电源。

实验注意事项

实验一～实验三中的放大器增益必须相同。

实验五　应变片的温度影响实验

实验目的

了解温度对应变片测试系统的影响。

基本原理

电阻应变片的温度影响主要来自两个方面。随着温度变化，应变片的敏感栅丝的温度系数有些改变，应变栅的线膨胀系数与弹性体（或被测试件）的线膨胀系数不一致会产生附加应变。因此当温度变化时，在被测体受力状态不变时，输出会有变化。

需用器件与单元

（1）主机箱中 ±2 ～ ±10V 直流稳压电源；
（2） ±15V 直流稳压电源；
（3）电压表；
（4）应变传感器实验模板；
（5）托盘；
（6）砝码；
（7）加热器（在实验模板上，已粘贴在应变传感器左上角底部）。

实验步骤

（1）按照实验三进行实验。
（2）将 200g 砝码放在托盘上，在数显表上读取记录电压值 U_{o1}。
（3）将主机箱中直流稳压电源 +5V、⊥接于实验模板的加热器 +5V、⊥插孔上，数分钟后待数显表电压显示基本稳定后，记下读数 U_{ot}，$U_{ot} - U_{o1}$ 即为温度变化的影响。计算这一温度变化产生的相对误差为：

$$\delta = \frac{U_{ot} - U_{o1}}{U_{o1}} \times 100\%$$

（4）实验完毕，关闭电源。

实验六　移相器、相敏检波器实验

实验目的

了解移相器、相敏检波器的工作原理。

基本原理

图实 6 – 1 为移相器电路原理图与实验模板上的面板图。图中，IC – 1、R_1、R_2、R_3、C_1 构成一阶移相器（超前），在 $R_2 = R_1$ 的条件下，可证明其幅频特性和相频特性分别表示为：

$$K_{F1}(j\omega) = V_i/V_1 = -(1 - j\omega R_3 C_1)/(1 + j\omega R_3 C_1)$$

$$K_{F1}(\omega) = 1$$

$$\varphi_{F1}(\omega) = -\pi - 2\tan^{-1} R_3 \omega C_1$$

式中，$\omega = 2\pi f$，f 为输入信号频率。同理由 IC – 2、R_4、R_5、R_w、C_3 构成另一个一阶移相器（滞后），在 $R_5 = R_4$ 条件下的特性为：

$$K_{F2}(j\omega) = V_0/V_1 = -(1 - j\omega R_w C_3)/(1 + j\omega R_w C_3)$$

$$K_{F2}(\omega) = 1$$

$$\varphi_{F2}(\omega) = -\pi - 2\tan^{-1} \omega R_w C_3$$

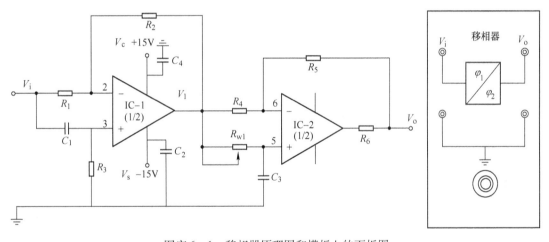

图实 6 – 1　移相器原理图和模板上的面板图

由此可见，根据幅频特性公式，移相前后的信号幅值相等。根据相频特性公式，相移角度的大小和信号频率 f 及电路中阻容元件的数值有关。显然，当移相电位器 $R_w = 0$ 时，上式中 $\varphi_{F2} = 0$，因此 φ_{F1} 决定了图 6 – 1 所示的二阶移相器的初始移相角：

$$\varphi_F = \varphi_{F1} = -\pi - 2\tan^{-1} 2\pi f R_3 C_1$$

若调整移相电位器 R_w，则相应的移相范围为：

$$\Delta\varphi_F = \varphi_{F1} - \varphi_{F2} = -2\tan^{-1} 2\pi f R_3 C_1 + 2\tan^{-1} 2\pi f \Delta R_w C_1$$

已知 $R_3 = 10\text{k}\Omega$，$C_1 = 6800\text{pF}$，$\Delta R_w = 10\text{k}\Omega$，$C_3 = 0.022\mu\text{F}$，如果输入信号频率 f 一旦确定，即可计算出图实 6 – 1 所示二阶移相器的初始移相角和移相范围。

相敏检波器工作原理为：

图实6－2为相敏检波器（开关式）原理图与实验模板上的面板图。图中，AC为交流参考电压输入端，DC为直流参考电压输入端，V_i端为检波信号输入端，V_o端为检波输出端。

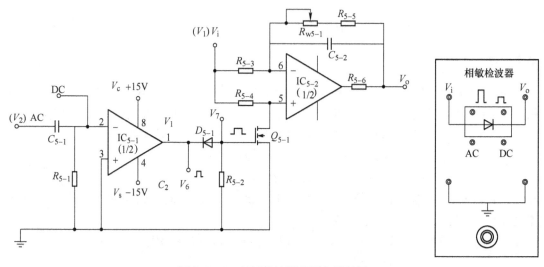

图实6－2　相敏检波原理图和模板图

原理图中各元器件的作用：C_{5-1}交流耦合电容并隔离直流；IC_{5-1}反相过零比较器，将参考电压正弦波转换成矩形波（开关波＋14 ～ －14V）；D_{5-1}二极管箝位得到合适的开关波形 $V_7 \leqslant 0V$（0 ～ －14V）；Q_{5-1}是结型场效应管，工作在开、关状态；IC_{5-2}工作在倒相器、跟随器状态；R_{5-6}限流电阻起保护集成块的作用。

关键点：Q_{5-1}是由参考电压 V_7 矩形波控制的开关电路。当 $V_7 = 0V$ 时，Q_{5-1}导通，使 IC_{5-2} 同相输入端5接地成为倒相器，即 $V_3 = -V_1$；当 $V_7 = 0V$ 时，Q_{5-1}截止（相当于断开），IC_{5-2}成为跟随器，即 $V_3 = V_1$。相敏检波器具有鉴相特性，输出波形 V_3 的变化由检波信号 V_1 与参考电压波形 V_2 之间的相位决定。图实6－3为相敏检波器的工作时序图。

需用器件与单元

（1）主机箱中的直流稳压电源；

（2）±15V直流稳压电源；

（3）音频振荡器；

（4）移相器/相敏检波器/低通滤波器实验模板；

（5）双踪示波器。

实验步骤

（1）移相器实验：

1）调节音频振荡器的幅度为最小（幅度旋钮逆时针轻轻转到底），按图实6－4示意接线，检查接线无误后，合上主机箱电源开关，调节音频振荡器的频率（用示波器测量）为 $f = 1$kHz，幅度适中（$2V \leqslant V_{p-p} \leqslant 8V$）。

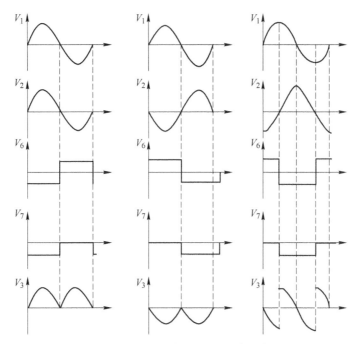

图实 6 – 3 相敏检波器的工作时序

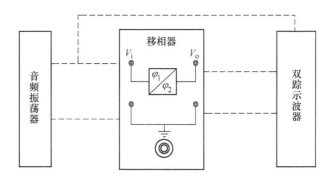

图实 6 – 4 移相器实验接线示意图

2）正确选择双线（双踪）示波器的"触发"方式及其他设置（提示：触发选择内触发 CH1，水平扫描速度 TIME/DIV 在 0.1ms ~ 10μs 范围内选择，触发方式选择 AUTO。垂直显示方式为双踪显示 DUAL，垂直输入耦合方式选择交流耦合 AC，灵敏度 VOLTS/DIV 在 1 ~ 5V 范围内选择），调节移相器模板上的移相电位器（旋钮），用示波器测量波形的相角变化。

3）调节移相器的移相电位器，用示波器可测定的初始移相角 φ_F 和移相范围 $\Delta\varphi_F$。

4）改变输入信号频率为 $f = 9$kHz，再次测试相应的 φ_F 和 $\Delta\varphi_F$。测试完毕关闭电源。

（2）相敏检波器实验：

1）调节音频振荡器的幅度为最小，将 ±2 ~ ±10V 可调电源调节到 ±2V 挡。按图实 6 – 5 示意接线，检查接线无误后合上主机箱电源开关，调节频振荡器频率 $f = 5$kHz，峰峰值 $V_{p-p} = 5$V，结合相敏检波器工作原理，分析观察相敏检波器的输入、输出波形关系。

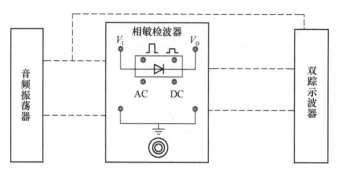

图实 6 - 5　相敏检波跟随、倒相实验接线示意图

2）将相敏检波器的 DC 参考电压改接到 - 2V，调节相敏检波器的电位器钮，使示波器显示的两个波形幅值相等，观察相敏检波器的输入、输出波形关系，关闭电源。

3）按图实 6 - 6 示意接线，合上主机箱电源，调节移相电位器钮，结合相敏检波器的工作原理，分析观察相敏检波器的输入、输出波形关系。

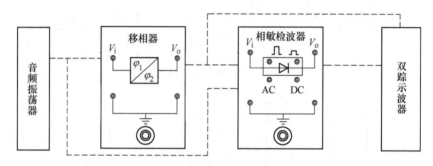

图实 6 - 6　相敏检波器检波实验接线示意图

4）将相敏检波器的 AC 参考电压改接到 180°，调节移相电位器钮观察相敏检波器的输入、输出波形关系。关闭电源。

实验七 应变片交流全桥的应用（应变仪）——振动测量实验

实验目的

了解利用应变片交流电桥测量振动的原理与方法。

基本原理

图实 7-1 是应变片测量振动的实验原理方框图。当振动源上的振动台受到 $F(t)$ 的作用而振动时，粘贴在振动梁上的应变片产生应变信号 dR/R，应变信号 dR/R 由振荡器提供的载波信号经交流电桥调制成微弱调幅波，再经过差动放大器放大为 $u_1(t)$，$u_1(t)$ 经过相敏检波器检波解调为 $u_2(t)$，$u_2(t)$ 经低通滤波器滤除高频载波成分后输出应变片检测到的振动信号 $u_3(t)$（调幅波的包络线），$u_3(t)$ 可用示波器显示。图实 7-1 中，交流电桥就是一个调制电路，$W_1(R_{w1})$、$r(R_8)$、$W_2(R_{w2})$、C 是交流电桥的平衡调节网络，移相器为相敏检波器提供的同步检波的参考电压。这也是实际应用中的动态应变仪原理。

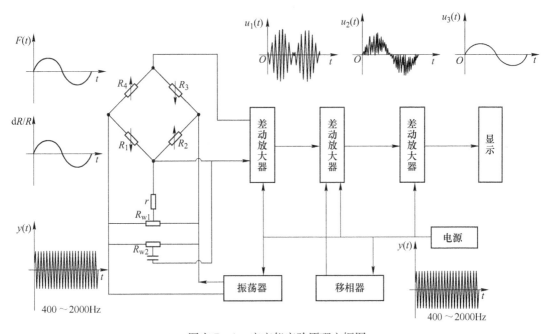

图实 7-1 应变仪实验原理方框图

需用器件与单元

（1）主机箱的 ±2 ~ ±10V（步进可调）直流稳压电源；

（2）±15V 直流稳压电源；

（3）音频振荡器和低频振荡器；

（4）应变式传感器实验模板；

（5）移相器/相敏检波器/低通滤波模板；

（6）振动源；

（7）双踪示波器；

（8）万用表。

实验步骤

（1）相敏检波器电路调试：正确选择双踪示波器的"触发"方式及其他设置（提示：触发源选择"内触发"，水平扫描速度 TIME/DIV 在 0.1ms～10μs 范围内选择，触发方式选择 AUTO。垂直显示方式为双踪显示 DUAL，垂直输入耦合方式直流耦合 DC，灵敏度 VOLTS/DIV 在 1～5V 范围内选择），并将光迹线居中。调节音频振荡器的幅度为最小，将 ±2～±10V 可调直流稳压电源调节到 ±2V 挡。按照图实 7－2 接好线路，检查接线无误后合上主机箱电源开关，调节音频振荡器频率 $f = 1kHz$，峰峰值 $V_{p-p} = 5V$（用示波器测量），调节相敏检波器的电位器旋钮，使得示波器显示幅值相等、相位相反的两个波形（调整完毕后，以后不要旋动这个电位器）。相敏检波器调试完毕，关闭电源。

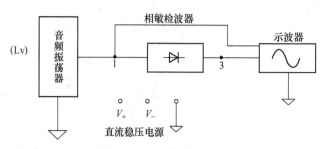

图实 7－2　相敏检波电路调试示意图

（2）将主机箱上的音频振荡器、低频振荡器的幅度逆时针缓慢地旋转到底（无输出），然后按照图实 7－3 接线。

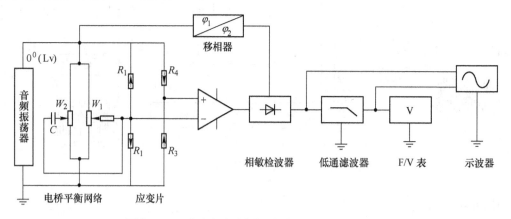

图实 7－3　应变交流全桥振动测量实验接线示意图

（3）调整好有关部分，调整如下：

1）检查接线无误以后，合上主机箱电源开关，用示波器检测音频振荡器 Lv 的频率和幅值，调节音频振荡器的频率和幅值使得 Lv 输出 1kHz 左右，幅度调到 $10V_{p-p}$（交流电桥的激励电压）。

2）用示波器检测相敏检波器的输出，用力按下振动平台的同时（振动梁受力变形，应变片也受到应力作用），仔细调节移相器旋钮，使示波器显示的波形为一个全波整流波形。

3）松手，仔细调节应变传感器实验模板 R_{w1} 和 R_{w2}（交替调节），使示波器（相敏检波器输出）显示的波形幅值更小，趋向于无波形接近零线。

4）调节低频振荡器的幅度旋钮和频率（8Hz 左右）旋钮，使振动平台振动较为明显。拆除示波器的 CH1 通道，用示波器的 CH2 通道，分别显示观察相敏检波器的输入 V_i 和输出 V_o 以及低通滤波器的输出 V_o 的波形。

5）低频振荡器的幅度（幅值）不变，调节低频振荡器频率，每增加 2Hz，用示波器读出低通滤波器输出 V_o 的电压峰峰值，填入表实 7－1，画出实验曲线，从实验数据得振动梁的谐振频率为_____。实验完毕，关闭电源。

表实 7－1　应变交流全桥振动测量实验数据

f/Hz									
V_o（p－p）									

实验八　压阻式压力传感器测量压力特性实验

实验目的

了解扩散硅压阻式压力传感器测量压力的原理和标定方法。

基本原理

扩散硅压阻式压力传感器的工作机理是半导体应变片的压阻效应，在半导体受力变形时暂时改变晶体结构的对称性，因改变了半导体的导电机理，它的电阻率发生变化，这种物理现象称为半导体的压阻效应。一般半导体应变采用 N 型单晶硅为传感器的弹性元件，在它上面直接蒸镀扩散出多个半导体电阻应变薄膜（扩散出 P 型或 N 型电阻条）组成电桥。在压力（压强）作用下弹性元件产生应力，半导体电阻应变薄膜的电阻率产生很大变化，引起电阻变化，经电桥转换成电压输出，则其输出电压的变化反映了所受的压力变化。图实 8 - 1 为压阻式压力传感器压力测量实验原理图。

需用器件与单元

（1）主机箱中的气压表；
（2）气源接口；
（3）电压表；
（4）±15V 直流稳压电源；
（5）±2 ～ ±10V（步进可调）；
（6）压阻式压力传感器；
（7）压力传感器实验模板；
（8）引压胶管。

实验接线图

实验接线图如图实 8 - 1 所示。

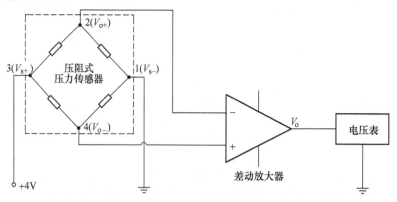

图实 8 - 1　压阻式压力传感器测量实验接线示意图

实验步骤

（1）安装传感器，连接引压管和电路。

（2）将压力传感器安装在压力传感器实验模板的传感器支架上。

（3）引压胶管一端插入主机箱面板上的气源的快速接口中，另一端口与压力传感器相连。

（4）压力传感器引线为4芯线（专用引线），压力传感器的1端接地，2端为输出 V_{o+}，3端接电源 +4V，4端为输出 V_{o-}。具体电路接线参考图实 8-1。

（5）合上主机箱的气源开关，启动压缩泵，逆时针旋转转子流量计下端调压阀的旋钮，此时可看到流量计中的滚珠在向上浮起悬于玻璃管中，同时观察气压表和电压表的变化。

（6）调节流量计旋钮，使气压表显示某一值，观察电压表显示的数值。

（7）仔细地逐步调节流量计旋钮，使压力在 2~18kPa 之间变化（气压表显示值），气压每上升 1kPa，分别读取电压表读数，将数值列于表实 8-1。实验完毕，关闭电源。

（8）画出实验曲线，计算本系统的灵敏度和非线性误差。

表实 8-1　压阻式压力传感器测压实验数据

p/kPa									
V_o（p-p）									

实验九　差动变压器的性能实验

实验目的

了解差动变压器的工作原理和特性。

基本原理

差动变压器的工作原理是电磁互感原理。差动变压器的结构如图实 9 - 1 所示，由一个一次绕组 1 和两个二次绕组 2、3 及一个衔铁 4 组成。差动变压器一、二次绕组间的耦合能随衔铁的移动而变化，即绕组间的互感随被测位移改变而变化。由于把两个二次绕组反向串接（＊同名端相接），以差动电势输出，所以把这种传感器称为差动变压器式电感传感器，通常简称差动变压器。

当差动变压器工作在理想情况下时（忽略涡流损耗、磁滞损耗和分布电容等影响），它的等效电路如图实 9 - 2 所示。图中 U_1 为一次绕组激励电压；M_1、M_2 分别为一次绕组与两个二次绕组间的互感；L_1、R_1 分别为一次绕组的电感和有效电阻；L_{21}、L_{22} 分别为两个二次绕组的电感；R_{21}、R_{22} 分别为两个二次绕组的有效电阻。对于差动变压器，当衔铁处于中间位置时，两个二次绕组互感相同，因而由一次侧激励引起的感应电动势相同。由于两个二次绕组反向串接，所以差动输出电动势为零。当衔铁移向二次绕组 L_{21} 时，互感 M_1 大，M_2 小，因而二次绕组 L_{21} 内感应电动势大于二次绕组 L_{22} 内感应电动势，这时差动输出电动势不为零。在传感器的量程内，衔铁位移越大，差动输出电动势的变化就越大。同样道理，当衔铁向二次绕组 L_{22} 一边移动时，差动输出电动势仍不为零，但由于移动方向改变，所以输出电动势反相。因此通过差动变压器输出电动势的大小和相位可以知道衔铁位移量的大小和方向。

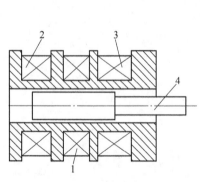

图实 9 - 1　差动变压器的结构示意图

1——次绕组；2，3—二次绕组；4—衔铁

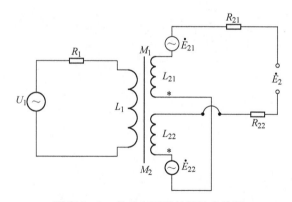

图实 9 - 2　差动变压器的等效电路图

差动变压器的输出特性曲线如图实 9 - 3 所示，图中 E_{21}、E_{22} 分别为两个二次绕组的输出感应电动势，E_2 为差动输出电动势，x 表示衔铁偏离中心位置的距离。其中 E_2 的实线

表示理想的输出特性，而虚线部分表示实际输出特性。E_0为零点残余电动势，这是由差动变压器制作上的不对称以及铁芯位置等因素所造成的。零点残余电动势的存在，使得传感器的输出特性在零点附近不灵敏，给测量带来误差，此值的大小是衡量差动变压器性能好坏的重要指标。为了减小零点残余电动势可采取以下方法：

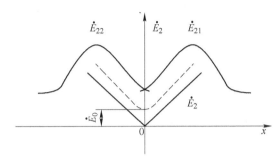

图实9-3 差动变压器的输出特性

尽可能保证传感器的几何尺寸、线圈电气参数及磁路的对称。磁性材料要经过处理，消除内部的残余应力，使其性能均匀稳定。

选用合适的测量电路，如采用相敏整流电路。既可判别衔铁移动方向，又可改善输出特性，减少零点残余电动势。

采用补偿线路减小零点残余电动势。图实9-4是其中典型的几何减小零点残余电动势的补偿电路。在差动变压器的线圈中串、并适当数值的电阻电容元件，当调整W_1、W_2时，可使零点残余电动势减小。

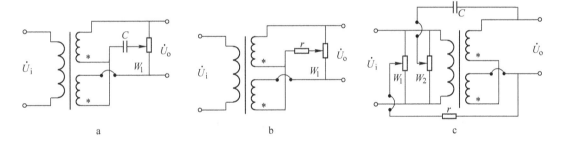

图实9-4 减小零点残余电动势电路

a—次级RC零点补偿电路；b—次级RR零点补偿电路；c—初级RC零点补偿电路

需用器件与单元

（1）主机箱中的±15V直流稳压电源；

（2）音频振荡器；

（3）差动变压器；

（4）差动变压器实验模板；

（5）测微头；

（6）双踪示波器。

实验步骤

（1）按图实 9 - 5 接线。检查接线无误后合上主机箱电源开关，调节音频振荡器的频率为 5kHz、幅度为峰峰值 $V_{p-p} = 2V$ 作为差动变压器初级线圈的激励电压（示波器设置提示：触发源选择内触发 CH1、水平扫描速度 TIME/DIV 在 0.1ms ~ 10μs 范围内选择、触发方式选择 AUTO。垂直显示方式为双踪显示 DUAL，垂直输入耦合方式选择交流耦合 AC，CH1 灵敏度 VOLTS/DIV 在 0.5 ~ 1V 范围内选择，CH2 灵敏度 VOLTS/DIV 在 0.1V ~ 50mV 范围内选择）。

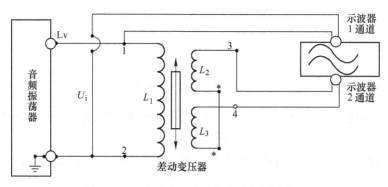

图实 9 - 5　差动变压器性能实验接线示意图

（2）差动变压器的性能实验：使用测微头时，来回调节微分筒使测杆产生位移的过程中本身存在机械回程差。

（3）为消除这种机械回差，可调节测微头的微分筒（0.01mm/格），使微分筒的 0 刻度线对准轴套的 10mm 刻度线。松开安装测微头的紧固螺钉，移动测微头的安装套，使示波器第二通道显示的波形 V_{p-p}（峰峰值）为较小值（越小越好，变压器铁芯大约处在中间位置）时，拧紧紧固螺钉，再顺时针方向转动测微头的微分筒 12 圈，记录此时的测微头读数和示波器 CH2 通道显示的波形 V_{p-p}（峰峰值）值为实验起点值。之后，反方向（逆时针方向）调节测微头的微分筒，每隔 $\Delta X = 0.2mm$（可取 60 ~ 70 点值）从示波器上读出输出电压 V_{p-p} 值，填入表实 9 - 1（这样单行程位移方向做实验可以消除测微头的机械回差）。实验完毕，关闭电源。

表实 9 - 1　差动变压器性能实验数据

ΔX/mm									
V_{p-p}/mV									

（4）根据表实 9 - 1 数据画出 $X - V_{p-p}$ 曲线并找出差动变压器的零点残余电压。

实验注意事项

（1）实验模板中的 L_1 为差动变压器的初级线圈，L_2、L_3 为次级线圈，＊号为同名端；L_1 的激励电压必须从主机箱中音频振荡器的 Lv 端子引入。

（2）测微头组成：测微头由不可动部分安装套、轴套和可动部分测杆、微分筒、微调钮组成。

　　(3) 测微头读数与使用：测微头的安装套便于在支架座上固定安装，轴套上的主尺有两排刻度线，标有数字的是整毫米刻线（1mm/格），另一排是半毫米刻线（0.5mm/格）；微分筒前部圆周表面上刻有 50 等分的刻线（0.01mm/格）。

　　(4) 用手旋转微分筒或微调钮时，测杆就沿轴线方向进退。微分筒每转过 1 格，测杆沿轴线方向移动微小位移 0.01mm，这也叫测微头的分度值。

实验十　激励频率对差动变压器特性的影响实验

实验目的

了解初级线圈激励频率对差动变压器输出性能的影响。

基本原理

差动变压器的输出电压的有效值可以近似用关系式：$U_o = \dfrac{v(M_1 - M_2)U_i}{\sqrt{R_p^2 + \omega^2 L_p^2}}$ 表示，式中 L_p、R_p 为初级线圈电感和损耗电阻，U_i、ω 为激励电压和频率，M_1、M_2 为初级与两次级间互感系数，由关系式可以看出，当初级线圈激励频率太低时，若 $R_p^2 > \omega^2 L_p^2$，则输出电压 U_o 受频率变动影响较大，且灵敏度较低，只有当 $\omega^2 L_p^2 \gg R_p^2$ 时，输出 U_o 与 ω 无关，当然 ω 过高会使线圈寄生电容增大，对性能稳定不利。

需用器件与单元

（1）主机箱中的 ±15V 直流稳压电源；
（2）音频振荡器；
（3）差动变压器；
（4）差动变压器实验模板；
（5）测微头；
（6）双踪示波器。

实验步骤

（1）差动变压器及测微头的安装、接线同实验九，参见图实 9 – 5。
（2）检查接线无误后，合上主机箱电源开关，调节主机箱音频振荡器 Lv 输出频率 1kHz、幅度 $V_{p-p} = 2V$（示波器监测）。调节测微头微分筒使差动变压器的铁芯处于线圈中心位置即输出信号最小时（示波器监测 V_{p-p} 最小时）的位置。
（3）调节测微头位移量 ΔX 为 2.50mm，差动变压器有某个较大的 V_{p-p} 值输出。
（4）在保持位移量不变的情况下改变激励电压（音频振荡器）的频率，从 1 ~ 9kHz（激励电压幅值 2V 不变）时差动变压器的相应输出的 V_{p-p} 值填入表实 10 – 1。
（5）做出幅频（$F - V_{p-p}$）特性曲线。实验完毕，关闭电源。

表实 10 – 1　差动变压器特性实验数据

F/kHz									
V_{p-p}									

实验十一　差动变压器零点残余电压补偿实验

实验目的

了解差动变压器零点残余电压的概念及补偿方法。

基本原理

差动变压器次级两线圈的等效参数不对称，初级线圈的纵向排列的不均匀性，铁芯 $B-H$ 特性的非线性等，造成铁芯（衔铁）无论处于线圈的什么位置，其输出电压并不为零，其差动变压器测量位移应用时，一般要对其零点残余电压进行补偿。本实验采用实验九中图实 9-4a、b 补偿线路减小零点残余电压。

需用器件与单元

（1）主机箱的 ±15V 直流稳压电源；
（2）音频振荡器；
（3）测微头；
（4）差动变压器；
（5）差动变压器实验模板；
（6）双踪示波器。

实验步骤

（1）根据图实 11-1 接线；差动变压器原边激励电压从音频振荡器的 Lv 插口引入，实验模板中的 R_1、C_1、R_{w1}、R_{w2} 为交流电桥调平衡网络。

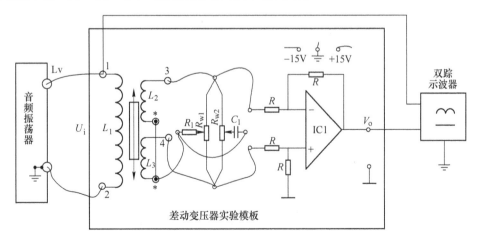

图实 11-1　零点残余电压补偿实验接线示意图

（2）检查接线无误后合上主机箱电源开关；用示波器 CH1 通道监测并调节主机箱音频振荡器 Lv 输出频率为 4~5kHz 左右、幅值为 2V 峰峰值的激励电压。

（3）调整测微头；使放大器输出电压（用示波器 CH2 通道监测）最小。

（4）依次交替调节 R_{w1}、R_{w2}，使放大器输出电压进一步降至最小。

（5）从示波器上观察（注：这时的零点残余电压是经放大后的零点残余电压，所以经补偿后的零点残余电压为：$V_{\text{零点p-p}} = \dfrac{V_0}{K}$，$K$ 是放大倍数，约为 7）差动变压器的零点残余电压值（峰峰值）与实验九（差动变压器的性能实验）中的零点残余电压相比是否小很多。

（6）实验完毕，关闭电源。

实验十二 差动变压器测位移实验

实验目的

了解差动变压器测位移时的应用方法。

基本原理

差动变压器的工作原理参阅实验九（差动变压器性能实验）。差动变压器在应用时要想法消除零点残余电动势和死区，选用合适的测量电路，如采用相敏检波电路，既可判别衔铁（位移）方向又可改善输出特性，消除测量范围内的死区。图实 12 – 1 是差动变压器测位移原理框图。

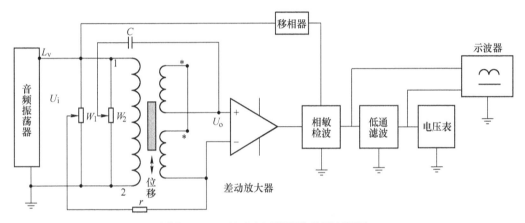

图实 12 – 1 差动变压器测位移原理框图

需用器件与单元

（1）主机箱中的 ±2 ~ ±10V（步进可调）直流稳压电源；

（2）±15V 直流稳压电源、音频振荡器、电压表，差动变压器；

（3）差动变压器实验模板；

（4）移相器/相敏检波器/低通滤波器实验模板；

（5）测微波；

（6）双踪示波器。

实验步骤

（1）相敏检波器电路调试：将主机箱的音频振荡器的幅度调到最小（幅度旋钮逆时针轻轻转到底），将 ±2 ~ ±10V 可调电源调节到 ±2V 挡，再按图实 12 – 2 示意接线，检查接线无误后合上主机箱电源开关。

（2）调节音频振荡器频率 $f=5$kHz，峰峰值 $V_{p-p}=5$V（用示波器测量）。提示：正确选择双踪示波器的"触发"方式及其他设置，触发源选择内触发 CH1，水平扫描速度 TIME/

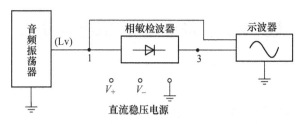

图实 12 - 2　相敏检波器电路调试接线示意图

DIV 在 0.1ms ~ 10μs 范围内选择，触发方式选择 AUTO；垂直显示方式为双踪显示 DUAL，垂直输入耦合方式选择直流耦合 DC，灵敏度 VOLTS/DIV 在 1 ~ 5V 范围内选择。当 CH1、CH2 输入对地短接时移动光迹线居中后再去测量波形）。调节相敏检波器的电位器钮使示波器显示幅值相等、相位相反的两个波形。到此，相敏检波器电路已调试完毕，以后不要触碰这个电位器钮。关闭电源。

（3）调节测微头的微分筒，使微分筒的 0 刻度值与轴套上的 10mm 刻度值对准。按图实 12 - 3 示意图安装、接线。将音频振荡器幅度调节到最小（幅度旋钮逆时针轻转到底）；电压表的量程切换开关切到 20V 挡。检查接线无误后合上主机箱电源开关。

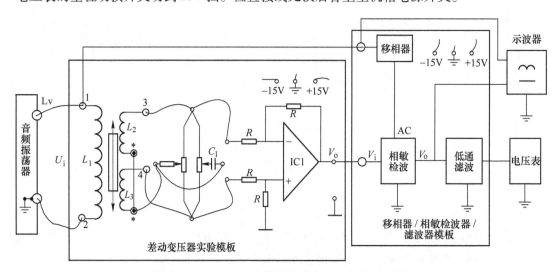

图实 12 - 3　差动变压器测位移组成、接线示意图

（4）调节音频振荡器频率 $f = 5$kHz、幅值 $V_{p-p} = 2$V（用示波器监测）。

（5）松开测微头安装孔上的紧固螺钉。顺着差动变压器衔铁的位移方向移动测微头的安装套（左、右方向都可以），使差动变压器衔铁明显偏离 L_1 初级线圈的中点位置，再调节移相器的移相电位器，使相敏检波器输出为全波整流波形（示波器 CH2 的灵敏度 VOLTS/DIV 在 1V ~ 50mV 范围内选择监测）。再慢悠悠仔细移动测微头的安装套，使相敏检波器输出波形幅值尽量为最小（尽量使衔铁处在 L_1 初级线圈的中点位置），并拧紧测微头安装孔的紧固螺钉。

（6）调节差动变压器实验模板中的 R_{w1}、R_{w2}（两者配合交替调节），使相敏检波器输出波形趋于水平线（可相应调节示波器量程挡观察），并且电压表显示趋于 0V。

（7）调节测微头的微分筒，每隔 $\Delta X = 0.2$mm 从电压表上读取低通滤波器输出的电压值，填入表实 12 - 1。

表实 12 - 1　差动变压器测位移实验数据

X/mm			...	- 0. 2		0. 2	...		
V/mV									

（8）根据表实 12 - 1 数据做出实验曲线，并截取线性比较好的线段计算灵敏度 $S = \Delta V/\Delta X$ 与线性度及测量范围。实验完毕关闭电源开关。

实验十三　差动变压器的应用——振动测量实验

实验目的

了解差动变压器测量振动的方法。

基本原理

由实验九（差动变压器性能实验）的基本原理可知，当差动变压器的衔铁连接杆与被测体接触连接时，就能检测到被测体的位移变化或振动。

需用器件与单元

（1）主机箱中的 ±2 ~ ±10V（步进可调）直流稳压电源；

（2）±15V 直流稳压电源；

（3）音频振荡器；

（4）低频振荡器；

（5）差动变压器实验模板；

（6）移相器/相敏检波器/滤波器模板；

（7）振动源；

（8）双踪示波器。

实验步骤

相敏检波器电路调试：参见实验十二中的步骤 1 及图实 13 - 1。

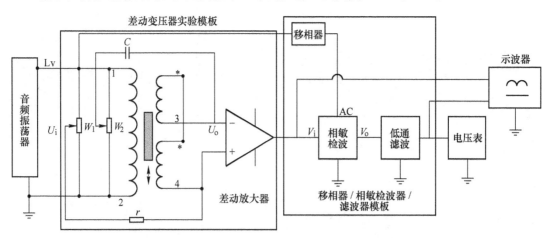

图实 13 - 1　差动变压器振动测量实验接线示意图

（1）将差动变压器卡在传感器安装支架的 U 形槽上，并拧紧差动变压器的夹紧螺母，再安装到振动源的升降杆上，如图实 13 - 1 所示。调整传感器安装支架，使差动变压器的衔铁连杆与振动台接触，再调节升降杆，使差动变压器衔铁大约处于 L_1 初级线圈的中点位置。

（2）将音频振荡器和低频振荡器的幅度电位器逆时针轻轻转到底（幅度最小），按图实13 – 1接线，并调整好有关部分，调整如下：1）检查接线无误后，合上主机箱电源开关，用示波器CH1通道监测音频振荡器Lv的频率和幅值，调节音频振荡器的频率、幅度旋钮使Lv输出4～5kHz、$V_{op-p}=2V$。2）用示波器CH2通道观察相敏检波器输出（图中低通滤波器输出中接的示波器改接到相敏检波器输出），用手往下按住振动平台（让传感器产生一个大位移），仔细调节移相位器钮，使示波器显示的波形为一个接近全波整流波形。3）手离开振动台，调节升降杆（松开锁紧螺钉转动升降杆的铜套）的高度，使示波器显示的波形幅值最小。4）仔细调节差动变压器实验模板的R_{w1}和R_{w2}（交替调节），使示波器（相敏检波器输出）显示的波形幅值更小，趋于一条接近零点线（否则再调节R_{w1}和R_{w2}）。5）调节低频振荡器幅度旋钮和频率（8Hz左右）旋钮，使振动平台振荡较为明显。用示波器观察相敏检波器的输入、输出波形及低通滤波器的输出波形（正确选择双踪示波器的"触发"方式及其他（TIME/DIV：在50～20ms范围内选择）设置）。

（3）定性地做出相敏检波器的输入、输出及低通滤波器的输出波形。实验完毕，关闭主机箱电源。

实验十四　电容式传感器的位移实验

实验目的

了解电容式传感器的结构及其特点。

基本原理

（1）原理简述：电容传感器是以各种类型的电容器为传感元件，将被测物理转换成电容量的变化来实现测量的。电容传感器的输出是电容的变化量。利用电容 $C = \varepsilon A/d$ 关系式，通过相应的结构和测量电路可以选择 ε、A、d 的三个参数中，保持两个参数不变，而只改变其中一个参数，则可以有测杆燥度（ε 变）、测位移（d 变）和测液位（A 变）等多种电容传感器。电容传感器极板形状分成平板、圆板形和圆柱（圆筒）形，虽还有球面形和锯齿等其他形状，但一般很少用。本实验采用的传感器为圆筒式变面积差动结构的电容式位移传感器，差动式一般优先于单组（单边）式的传感器。它灵敏度高、线性范围宽、稳定性高。如图实 14－1 所示，它是由两个圆筒和一个圆柱组成的。设圆筒的半径为 R；圆柱的半径为 r；圆柱的长为 X，测电容量为 $C = \varepsilon 2\pi X/\ln(R/r)$。图中 C_1、C_2 是差动连接，当图中的圆柱产生 ΔX 时，电容量的变化量为 $\Delta C = C_1 - C_2 = \varepsilon 2\pi \Delta X/\ln(R/r)$，其中 $\varepsilon 2\pi$、$\ln(R/r)$ 为常数，说明 ΔC 和 ΔX 位移成正比，配上配套测量电路就能测量位移。

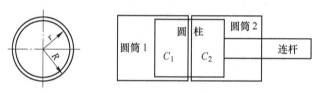

图实 14－1　实验用电容传感器结构

（2）测量电路（电容变换器）：测量电路面在实验模板的面板上。其电路的核心部分是图实 14－2 的二极环路充放电电路。

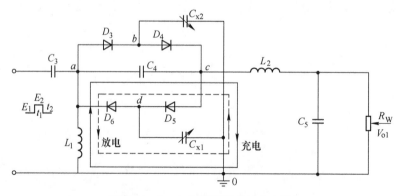

图实 14－2　二极管环形充放电电路

图实 14－2 中的环形充放电电路由 D_3、D_4、D_5、D_6 二极管，C_4 电容，L_1 电感和 C_{x1}、

C_{x2}（实验差动电容位移传感器）组成。

当高频激励电压（$f > 100\text{kHz}$）输入到 a 点，由低电平 E_1 跃到高电平 E_2 时，电容 C_{x1} 充电到 0 点（地）；另一路由 a 点经 C_4 到 c 点，再经 D_5 到 d 点对 C_{x2} 充电到 0 点。此时，D_4 和 D_6 由于反偏置而截止。在 t_1 充电时间内，由 a 到出点的电荷量为：

$$Q_1 = C_{x2}(E_2 - E_1) \qquad (14-1)$$

当高频激励电压由高电平 E_2 返回到低电平 E_1 时，电容 C_{x1} 和 C_{x2} 均放电。C_{x1} 经 b 点、D_4、c 点、C_4、a 点、L_1 放电到 0 点；C_{x2} 经 d 点、D_6 点、L_1 放电到 0 点。在 t_2 放电时间内由 c 点到 a 点的电荷量为：

$$Q_2 = C_{x1}(E_2 - E_1) \qquad (14-2)$$

当然，式（14-1）和式（14-2）是在 C_4 电容值远远大于传感器的 C_{x1} 和 C_{x2} 电容值的前提下得到的结果。电容 C_4 的充放电回路如图实 14-2 中的实线、虚线箭头所示。

在一个充放电周期内（$T = t_1 + t_2$），由 c 点到 a 点的电荷量为：

$$Q = Q_2 - Q_1 = (C_{x1} - C_{x2})(E_2 - E_1) = \Delta C_x \Delta E \qquad (14-3)$$

式中，C_{x1} 与 C_{x2} 的变化趋势是相反的（传感器的结构决定的，是差动式）。设激励电压频率 $f = 1/T$，则流过 ac 支路输出的平均电流 i 为：

$$i = Fq = f\Delta C_x \Delta E \qquad (14-4)$$

式中，ΔE 为激励电压幅值；ΔC_x 为传感器的电容变化量。

由式（14-4）可看出：f、ΔE 一定时，输出平均电流 i 与 ΔC_x 成正比，此输出平均电流 i 经电路中的传感 L_2、电容 C_5 滤波变为直流 I 输出，再经 R_w 转换成电压输出 $V_{o1} = IR_w$。

由传感器原理已知 ΔC 与 ΔX 位移成正比，所以通过测量电路的输出电压 V_{o1} 就可知 ΔX 位移。

（3）电容式位移传感器实验原理方块如图实 14-3 所示。

机械位移 $\xrightarrow{\Delta X}$ 电容传感器 $\xrightarrow{\Delta C_x}$ 电容变换器 $\xrightarrow{\Delta V}$ 放大器 $\xrightarrow{V_o}$ 电压表

图实 14-3 霍尔位移传感器工作原理图

需用器件与单元

（1）主机箱 ±15V 直流稳压电源；

（2）电压表；

（3）电容传感器；

（4）电容传感器实验模板；

（5）测微头。

实验步骤

（1）按图实 14-4 示意安装、接线。

（2）将实验模板上的 R_w 调节到中间位置（方法：逆时针转到底再顺时针转 3 圈）。

（3）将主机箱上的电压表量程切换开关打到 2V 挡，检查接线无误后合上主机箱电源开关，旋转测微头，改变电容传感器的动极板位置，使电压表显示 0V，再转动测微头

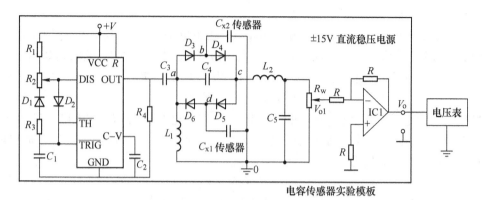

图实 14 - 4   电容传感器位移实验接线示意图

（同一个方向）6 圈，记录此时的测微头读数和电压表显示值为实验起点值。以后，反方向每转动测微头 1 圈即 $\Delta X = 0.5\text{mm}$ 位移，读取电压表读数（这样转 12 圈读取相应的电压表读数），将数据填入表实 14 - 1（这样单行程位移方向做实验可以消除测微头的回差）。

表实 14 -1   电容传感器位移实验数据

X/mm										
V/mV										

（4）根据表实 14 - 1 数据做出 $\Delta X - V$ 实验曲线，并截取线性比较好的线段计算灵敏度 $S = \Delta V / \Delta X$ 和非线性误差 δ 及测量范围。实验完毕，关闭电源开关。

实验十五　线性霍尔传感器位移特性实验

实验目的

了解霍尔式传感器的原理与应用。

基本原理

霍尔式传感器是一种磁敏传感器，基于霍尔效应原理工作。它将被测量的磁场变化（或一磁场为媒体）转换成电动势输出。霍尔效应是具有载流子的半导体同时处在电场和磁场中而产生电势的一种现象。如图实 15 – 1（带正电的载流子）所示，把一块宽为 b，厚为 d 的导电板放在磁感应强度为 B 的磁场中，并在导电板中通以纵向电流 I，此时在板的横向两侧面 A、A' 之间就呈现出一定的电势差，这一现象称为霍尔效应（霍尔效应可以用洛伦兹力来解释），所产生的电势差 U_H 称霍尔电压。霍尔效应的数学表达式为：

$$U_H = R_H \frac{IB}{d} = K_H IB$$

$$K_H = \frac{R_H}{d}$$

式中，$R_H = 1/ne$，是由半导体本身载流子迁移率决定的物理常数，称为霍尔系数；K_H 为灵敏度系数，与材料的物理性质和几何尺寸有关；n 是载流子浓度；e 是电子的电荷量。

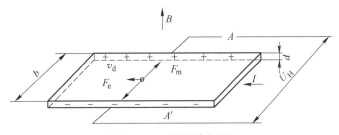

图实 15 – 1　霍尔效应原理

具有上述霍尔效应的元件称为霍尔元件，霍尔元件大多采用 N 型半导体材料（金属材料中自由电子浓度 n 很高，因此 R_H 很小，使输出 U_H 极小，不宜作霍尔元件），厚度 d 只有 $1\mu m$ 左右。

霍尔传感器有霍尔元件和集成霍尔传感器两种类型。集成霍尔传感器是霍尔元件、放大器等做在一个芯片上的集成电路型结构，与霍尔元件相比，它具有微型化、灵敏度高、可靠性高、寿命长、功耗低、负载能力强以及使用方便等优点。

本实验采用的霍尔式位移（小位移 1～2mm）传感器是由线性霍尔元件、永久磁钢组成的，其他很多物理量如力、压力、机械振动等本质上都可转变成位移的变化来测量。霍尔式位移传感器的工作原理和实验电路原理如图实 15 – 2a、b 所示。将磁场强度相同的两块永久磁钢同极性相对放置着，线性霍尔元件置于两块磁钢间的中点，其磁感应强度为 0，设这个位置的位移的零点，即 $X = 0$，因磁感应强度 $B = 0$，故输出电压 $U_H = 0$。当霍尔元

件沿 X 轴有位移时，由于 $B \neq 0$，则有一电压 U_H 输出，U_H 经差动放大器放大输出为 V。V 和 X 有一一对应的特性关系。

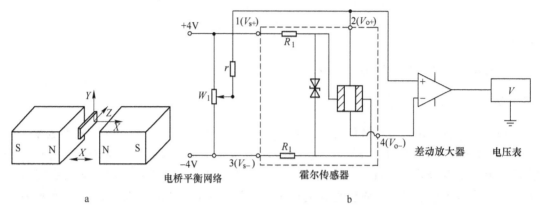

图实 15 - 2　霍尔位移传感器工作原理图

a—工作原理；b—实验电路原理

注意：线性霍尔元件有四个引线端。涂黑的两端是电源输入激励端，另外两端是输出端。接线时，电源输入激励端与输出端千万不能颠倒，否则霍尔元件就损坏了。

需用器件与单元

（1）主机箱中的 ±2 ~ ±10V（步进可调）直流稳压电源；

（2）±15V 直流稳压电源；

（3）电压表；霍尔传感器实验模板；

（4）霍尔传感器；

（5）测微头。

实验步骤

（1）调节测微头的微分筒（0.01mm/格），使微分筒的刻度线对准轴套的 10mm 刻度线。按图实 15 - 3 示意图安线、接线，使主机箱上的电压表量程切换开关打到 2V 挡，±2 ~ ±10V（步进可调）直流稳压电源调节到 ±4V 挡。

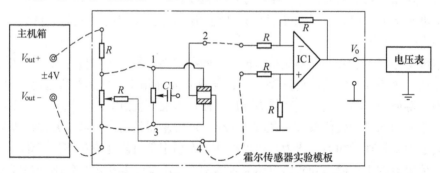

图实 15 - 3　霍尔传感器（直流激励）位移实验接线示意图

（2）检查接线无误后，开启主机箱电源，松开安装测微头的紧固螺钉。再调节 R_{w1} 使电压表显示 0。

（3）测位移使用测微头时，来回调节微分筒使测杆产生位移的过程中本身存在机械回程差，为消除这种机械回差可用单行程位移方法实验：顺时针调节测微头的微分筒 3 周，记录电压表读数作为位移起点。之后，反方向（逆时针方向）调节测微头的微分筒（0.01mm/格），每隔 $\Delta X = 0.01\,\text{mm}$（总位移可取 3～4mm）从电压表上读出输出电压 $V_\circ$ 值，将读数填入表实 15 - 1（这样可以消除测微头的机械回差）。

表实 15 - 1　霍尔传感器（直流激励）位移实验数据

ΔX/mm										
V/mV										

（4）根据表实 15 - 1 数据做出 $V - X$ 实验曲线，分析曲线在不同测量范围（±0.5mm、±1mm、±2mm）时的灵敏度和非线性误差。实验完毕，关闭电源。

实验十六　线性霍尔传感器交流激励时的位移性能实验

实验目的

了解交流激励时霍尔式传感器的特性。

基本原理

交流激励时霍尔式传感器与直流激励一样，基本工作原理相同，不同之处是测量电压。

需用器件与单元

（1）主机箱的 ±2 ~ ±10V（步进可调）直流稳压电源；
（2）±15V 直流稳压电源；
（3）音频振荡器；
（4）电压表；
（5）测微头；
（6）霍尔传感器；
（7）霍尔传感器模板；
（8）移相器/相敏检波器/低通滤波器模板；
（9）双踪示波器。

实验步骤

（1）相敏检波器电路测试。将主机箱的音频振荡器的幅度调到最小（幅度旋钮逆时针轻轻转到底），将 ±2 ~ ±10V 可调电源调节到 ±2V 挡，再按图实 16 - 1 示意接线，检查接线无误后合上主机箱电源开关，调节音频振荡器频率 $f = 1\text{kHz}$，峰值 $V_{p-p} = 5\text{V}$（用示波器测量。提示：正确选择双踪示波器的"触发"方式及其他设置，触发源选择内触发 CH1，水平扫描速度 TIME/DIV 在 0.1s ~ 10μs 范围内选择，触发方式选择 AUTO；垂直显示方式为双踪显示 DUAL，垂直输入耦合方式直流耦合 DC，灵敏度 VOLTS/DIV 在 1 ~ 5V 范围内选择。当 CH1、CH2 输入对地短接时，移动光迹线居中后再去测量波形）。调节相敏检波器的电位器钮，使示波器显示幅值相等、相位相反的两个波形。到此，相敏检波器电路一调试完毕，以后不要触碰这个电位器钮。关闭电源。

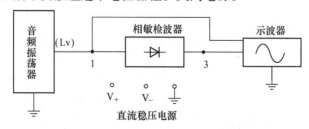

图实 16 - 1　相敏检波器电路调试接线示意图

（2）调节测微头的微分筒（0.01mm/格），使微分筒的刻度线对准轴套的10mm刻度线。按图实16-2示意图安装、接线，将主机箱上的电压表量程切换开关打到2V挡，检查接线无误后合上主机箱电源开关。

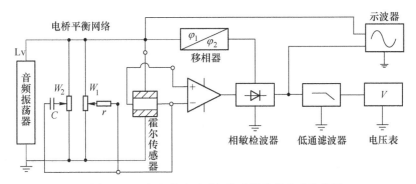

图实16-2　交流激励时霍尔传感器位移实验接线图

（3）松开测微头安装孔上的紧固螺钉。顺着传感器的位移方向移动测微头的安装套（左、右方向都可以），使传感器的PCB（霍尔元件）明显偏离两圆形磁钢的中点位置（目测）时，再调节移相器的移相电位器，使相敏检波器输出全为整流波形（示波器CH2的灵敏度VOLTS/DIV在50mV～1V范围内选择监测）。仔细移动测微头的安装套，使相敏检波器输出波形幅值尽量最小（尽量使传感器的PCB板霍尔元件处在两圆形磁钢的中点位置），并拧紧测微头安装孔的紧固螺钉。仔细交替地调节实验模板上的电位器 R_{w1}、R_{w2}，使示波器CH2显示相敏检波器输出波形基本上趋为一直线，并且电压表显示为零（示波器和电压表两者兼顾，但以电压表显示零为准）。

（4）测位移使用测微头时，来回调节微分筒使测杆产生位移的过程中本身存在机械回程差，为消除这种机械回差可用单行程位移方法实验：顺时针调节测微头的微分筒3周，记录电压表读数作为位移起点。之后，反方向（逆时针方向）调节测微头的微分筒（0.01mm/格），每隔 $\Delta X = 0.1$mm（总位移可取3～4mm），从电压表上读出输出电压 V_o 值，将读数填入表实16-1（这样可以消除测微头的机械回差）。

表实16-1　交流激励时霍尔传感器位移数据

ΔX/mm											
V/mV											

（5）根据表实16-1数据作出 $V-X$ 实验曲线，分析曲线在不同测量范围（±0.5mm、±1mm、±2mm）时的灵敏度和非线性误差。实验完毕，关闭电源。

实验十七　开关式霍尔传感器测转速实验

实验目的

了解开关式霍尔传感器测转速的应用。

基本原理

开关式霍尔传感器是线性霍尔元件的输出信号经放大器放大，经施密特电路整形成矩形波（开关信号）输出的传感器。开关式霍尔传感器转速的原理框图如图实 17 - 1 所示。当被测圆盘上装上 6 只磁性体时，圆盘每转一周磁场就变化 6 次，开关式霍尔传感器就同频率 f 相应变化输出，再经转速表显示转速 n。

图实 17 - 1　霍尔传感器测转速原理框图

需用器件与单元

（1）主机箱中的转速调节 0 ~ 24V 直流稳压电源；
（2）+5V 直流稳压电源；
（3）电压表；
（4）频率/转速表；
（5）霍尔转速传感器；
（6）转动源。

实验步骤

（1）将霍尔转速传感器安装于霍尔架上，传感器的端面对准转盘上的磁钢，并调节升降杆，使传感器端面与磁钢之间的间隙大约为 2 ~ 3mm。

（2）将主机箱中的转速调节电源 0 ~ 24V 旋钮调到最小（逆时针方向转到底）后接入电压表（电压表量程切换开关打到 20V 挡）；其他接线按图实 17 - 2 所示连接（注意霍尔转速传感器的三根引线的序号）；将频率/转速表的开关按到转速挡。

（3）检查接线无误后合上主机箱电源开关，在小于 12V 范围内（电压表监测）调节主机箱的转速调节电源（调节电压改变直流电机电枢电压），观察电机转动及转速表的显示情况。

（4）从 2V 开始记录每增加 1V 相应电机转速的数据（待电机转速比较稳定后读取数据）；画出电机 $V - n$（电机电枢电压与电机转述的关系）特性曲线。实验完毕，关闭电源。

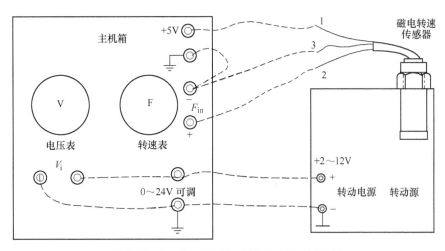

图实 17 – 2　霍尔转速传感器实验接线示意图

实验十八　磁电式传感器测转速实验

实验目的

了解磁电式传感器测量转速的原理。

基本原理

磁电传感器是一种将被测量物理量转换成为感应电势的有源传感器，也称为电动式传感器或感应式传感器。根据电磁感应定律，一个匝数为 N 的线圈在磁场中切割磁力线时，穿过线圈的磁通量发生变化，线圈两端就会产生出感应电势，线圈中感应电势为：$e = -N\dfrac{\mathrm{d}\phi}{\mathrm{d}t}$。线圈感应电势的大小在线圈匝数一定的情况下与穿过该线圈的磁通变化率成正比。当传感器的线圈匝数和永久磁钢选定（即磁场强度已定）后，使穿过线圈的磁通发生变化的方法通常有两种：一种是让线圈和磁力线做相对运动，即利用线圈切割磁力线而使线圈产生感应电势；另一种则是把线圈和磁钢部固定，靠衔铁运动来改变磁路中的磁阻，从而改变通过线圈的磁通。因此，磁电式传感器可分为两大类型：动磁式及可动衔铁式（即可变磁阻式）。本实验应用动磁式磁电传感器，实验原理框图如图实 18 - 1 所示。当转动盘上嵌入 6 个磁钢时，转动盘每转一周，磁电传感器感应电势 e 产生 6 次的变化，感应电势 e 通过放大，整形由频率表显示 f，转速 $n = 10f$。

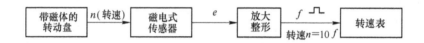

图实 18 - 1　磁电式传感器测转速原理框图

需用器件与单元

（1）主机箱中的转速调节 0～24V 直流稳压电源；

（2）电压表；

（3）频率/转速表；

（4）磁电式传感器；

（5）转动源。

实验步骤

磁电式转速传感器测速实验除了传感器不用接电源外（传感器探头中心与转盘磁钢对准），其他完全与实验十七相同；请按图实 18 - 2 示意安装、接线，并按照实验十七中的实验步骤做实验。实验完毕，关闭电源。

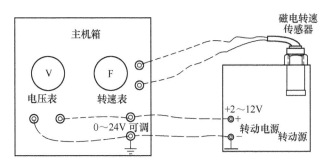

图实 18 － 2　磁电式传感器测转速接线示意图

实验十九　压电式传感器测振动实验

实验目的

了解压电传感器的原理和测量振动的方法。

基本原理

压电式传感器是一种典型的发电型传感器，其传感元件是压电材料，它以压电材料的压电效应为转换机理实现力到电量的转换。压电式传感器可以对各种动态力、机械冲击和振动进行测量，在声学、医学、力学、导航方面都得到广泛的应用。

（1）压电效应。具有压电效应的材料称为压电材料，常见的压电材料有两类压电单晶体，如石英、酒石酸钾钠等；人工多晶体压电陶瓷，如钛酸钡、锆钛酸铅等。

压电材料受到外力作用时，在发生变形的同时内部产生极化现象，它表面会产生符号相反的电荷。当外力去掉时，又重新回复到原不带电状态，当作用力的方向改变后，电荷的极性也随之改变，如图实 19 - 1a～c 所示。这种现象称为压电效应。

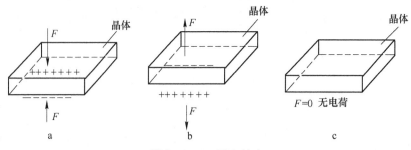

图实 19 - 1　压电效应

（2）压电晶片及其等效电路。多晶体压电陶瓷的灵敏度比压电单晶体要高很多，压电传感器的压电元件是在两个工作面上蒸镀有金属膜的压电晶片，金属膜构成两个电极，如图实 19 - 2a 所示。当压电晶片受到力的作用时，便有电荷聚集在两极上，一面为正电荷，一面为等量的负电荷。这种情况和电容器十分相似，所不同的是晶片表面上的电荷会随着时间的推移逐渐漏掉，因为压电晶片材料的绝缘电阻（也称漏电阻）虽然很大，但毕竟不是无穷大，从信号变换角度来看，压电元件电荷源与电容相并联的电路如图实 19 - 2b 所示。其中 $e_a = Q/C_a$。式中，e_a 为压电晶片受力后所呈现的电压，也称为极板上的开路电压；Q 为压电晶片表面上的电荷；C_a 为压电晶片的电容。

实际的压电传感器中，往往用两片或两片以上的压电晶片进行并联或串联。压电晶片并联时如图实 19 - 2c 所示，两晶片正极集中在中间极板上，负极在两侧的电极上，因而电容量大，输出电荷量大，时间常数大，宜于测量缓变信号并以电荷量作为输出。

压电传感器的输出，理论上应当是压电晶片表面上的电荷 Q。根据图实 19 - 2b 可知测试中也可取等效电容 C_a 上的电压值，作为压电传感器的输出。因此，压电式传感器就有电荷和电压两个输出形式。

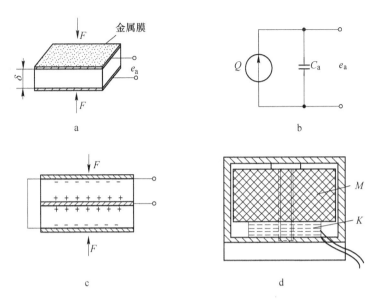

图实 19 - 2 压电晶片及等效电路
a—压电晶片及等效电路；b—等效电荷源；c—并联；d—压电式加速度传感器

（3）压电式加速度传感器。图实 19 - 2d 是压电式加速度传感器的结构图。图中，M 是惯性质量块，K 是压电晶片。压电式加速度传感器之上是一个惯性力传感器。在压电晶片 K 上，放有质量块 M。当壳体随被测振动体一起振动时，作用在压电晶体上的力 $F = Ma$。当质量 M 一定时，压电晶体上产生的电荷与加速度 a 成正比。

（4）压电式加速度传感器和放大器等效电路。压电传感器的输出信号很弱小，必须进行放大，压电传感器所配接的放大器有两种结构形式，一种是带电阻反馈的电压放大器，其输出电压与输入电压（即传感器的输出电压）成正比；另一种是带电容反馈的电荷放大器，基本结构如图实 19 - 3 所示，其输出电压与输入电荷量成正比。

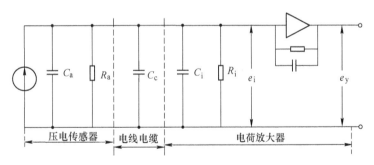

图实 19 - 3 传感器 - 电缆 - 电荷放大器系统的等效电路

电压放大器测量系统的输出电压对电缆电容 C_c 敏感。当电缆长度变化时，C_c 就变化，使得放大器输入电压 e_i 变化，系统的电压灵敏度也将发生变化，这就增加了测量的困难。电荷放大器则克服了上述电压放大器的缺点。它是一个高增益带电容反馈的运算放大器。当略去传感器的漏电阻 R_a 和电荷放大器的输入电阻 R_i 的影响时，有：

$$Q = e_i(C_a + C_c + C_i) + (e_i - e_y)C_f \cdots \tag{19-1}$$

式中，e_i 为放大器输入端电压；e_y 为放大器输出端电压，$e_y = -ke_i$；k 为电荷放大器开环放大倍数；C_f 为电荷放大器反馈电容。将 $e_y = -ke_i$ 代入式（19-1），可得到放大器输出端电压 e_y 与传感器电荷 Q 的关系式；设 $C = C_a + C_c + C_i$，有：

$$e_y = -k_Q/[C + C_f + kC_f] \cdots \tag{19-2}$$

当放大器的开环增益足够大时，则有 $kC_f > C + C_f$，式（19-2）简化为：

$$e_y = -Q/C_f \cdots \tag{19-3}$$

式（19-3）表明，在一定条件下，电荷放大器的输出电压与传感的电荷量成正比，而与电缆的分布电容无关，输出灵敏度取决于反馈电容 C_i。所以，电荷放大器的灵敏度调节，都是采用切换运算放大器反馈电容 C_i 的办法。采用电荷放大器时，即使连接电缆长度达百米以上，其灵敏度也无明显增加变化，这是电荷放大器的主要优点。

（5）压电加速度传感器实验原理图。

压电式加速度传感器、电荷放大器的实验原理如图实 19-4、图实 19-5 所示。

图实 19-4　压电式加速度传感器实验原理框图

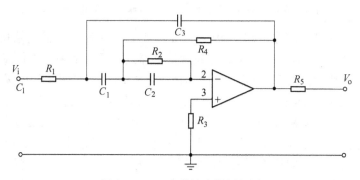

图实 19-5　电荷放大器原理图

需用器件与单元

（1）主机箱 ±15V 直流稳压电源；

（2）低频振荡器；

（3）压电传感器；

（4）压电传感器实验模板；

（5）移相器/相敏波器/滤波器模板；

（6）振动源；

（7）双踪示波器。

实验步骤

（1）将压电传感器安装在振动台面上（与振动台面中心的磁钢吸合），振动源的低频输入接主机箱中的低频振荡器，其他连线按图实 19-6 示意接线。

（2）将主机箱上的低频振荡器幅度旋钮逆时针转到底（低频输出幅度为零），调节低

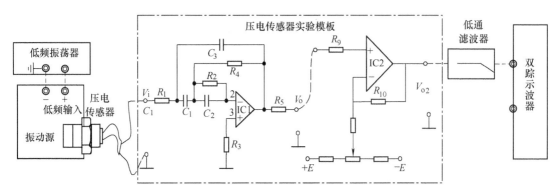

图实 19 – 6　压电传感器振动实验接线示意图

频振荡器的频率在 6~8Hz 左右。检查接线无误后合上主机箱电源开关，再调节低频振荡器的幅度使振动台明显振动（如振动不明显可调频率）。

（3）用示波器的两个通道（正确选择双踪示波器的"触发"方式及其他（TIME/DIV：在 50~20ms 范围内选择；VOLTS/DIV：0.5V~50mV 范围内选择）设置），同时观察低通滤波器输入端和输出端波形；在振动台正常振动时用手指敲击振动台，同时观察输出波形变化。

（4）改变低频振荡器的频率（调节主机箱低频振荡器的频率），观察输出波形变化。实验完毕，关闭电源。

实验二十　电涡流传感器测量位移实验

实验目的

了解电涡流传感器测量位移的工作原理和特性。

基本原理

电涡流式传感器是一种建立在涡流效应原理上的传感器。电涡流式传感器由传感器线圈和被测物体（导电体－金属涡流片）组成，如图实 20－1 所示，根据电磁感应原理，当传感器线圈（一个扁平线圈）通以交变电流（频率较高，一般为 1～2MHz)I_1 时，线圈周围空间会产生交变磁场 H_1，当线圈平面靠近某一导体面时，由于线圈磁通链穿过导体，导体的表面层感应出呈旋涡状自行闭合的电流 I_2，而 I_2 所形成的磁通链又穿过传感器线圈。这样线圈与"涡流"线圈形成了有一定耦合的互感，最终原线圈反馈－等效电感，从而导致传感器线圈的阻抗 Z 发生变化。我们可以把被测导体上形成的电涡等效成一个短路环，这样就可得到如图实 20－2 的等效电路。图中 R_1、L_1 为传感器线圈的电阻和电感。短路环可以认为是一匝短路线圈，传感器电阻为 R_2、电感为 L_2。线圈与导体间存在一个互感 M，它随线圈与导体间距的减小而增大。

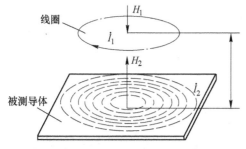

图实 20－1　电涡流传感器原理图

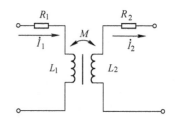

图实 20－2　电涡流传感器等效电路图

根据等效电路可以列出电路方程组：

$$\begin{cases} R_2\dot{I}_2 + j\omega L_2\dot{I}_2 - j\omega M\dot{I}_1 = 0 \\ R_1\dot{I}_1 + j\omega L_1\dot{I}_1 - j\omega M\dot{I}_2 = \dot{U}_1 \end{cases}$$

通过解方程组，可得 I_1、I_2。因此传感器线圈的复阻抗为：

$$Z = \frac{\dot{U}}{\dot{I}} = \left[R_1 + \frac{\omega^2 M^2}{R_2^2 + (\omega L_2)^2} R_2 \right] + j\left[\omega L_1 - \frac{\omega^2 M^2}{R_2^2 + (\omega L_2)^2} \omega L_2 \right]$$

线圈的等效电感为：

$$L = L_1 - \frac{\omega^2 M^2}{R_2^2 + (\omega L_2)^2} L_2$$

线圈的等效 Q 值为：

$$Q = Q_0\{[1 - (L_2\omega^2 M^2)/(L_1 Z_2^2)]/[1 + (R_2\omega^2 M^2)/(R_1 Z_2^2)]\}$$

式中　　Q_0——无涡流影响下的线圈的 Q 值，$Q_0 = \omega L_1 / R_1$；

　　　　Z_2^2——金属导体中产生的电涡流部分的阻抗，$Z_2^2 = R_2^2 + \omega^2 L_2^2$。

　　由 Z、L 和 Q 的计算公式，可以看出，线圈与金属导体系统的阻抗 Z、电感 L 和品质因数 Q 值都是该系统互感系数平方的函数，而从麦克斯韦互感系数的基本公式出发，可得互感系数是线圈与金属导体间距离 $X(H)$ 的非线性函数，因此 Z、L、Q 均是 X 的非线性函数。虽然它整个函数是一非线性的，其函数特征为 "S" 形曲线，但可以选取它近似为线性的一段。其实 Z、L、Q 的变化与导体的电导率、磁导率、几何形状、线圈的几何参数、激励电流频率以及线圈到被测导体间的距离有关。如果控制上述参数中的一个参数改变，而其余参数不变，则阻抗就成为这个变化参数的单值函数。当电涡流线圈、金属涡流片以及激励源确定后，并保持环境温度不变，则只与距离 x 有关。于此，通过传感器的调理电路（前置器）处理，将线圈阻抗 Z、L、Q 的变化转化成电压或电流的变化输出。输出信号的大小随探头到被测体表面之间的间距变化而变化，电涡流传感器就是根据这一原理实现对金属物体的位移、振动等参数的测量的。

　　为实现电涡流位移测量，必须有一个专用的测量电路。这一测量电路（称为前置器，也称电涡流变换器）应包括具有一定频率的稳定的振荡器和一个检波电路等。电涡流传感器位移测量实验框图如图实 20 – 3 所示。

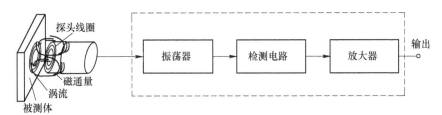

图实 20 – 3　涡流传感器位移特性实验原理框图

　　根据电涡流传感器的基本原理，将传感器与被测体间的距离变换为传感器的 Q 值、等效阻抗 Z 和等效电感 L 三个参数，用相应的测量电路（前置器）来测量。

　　本实验的涡流变换器为变频调幅式测量电路，电路原理如图实 20 – 4 所示。电路组成：（1）Q_1、C_1、C_2、C_3 组成电容三点式振荡器，产生频率为 1MHz 左右的正弦载波信号。电涡流传感器接在振荡回路中，传感器线圈是振荡回路的一个电感元件。振荡器的作用是将位移变化引起的振荡回路的 Q 值变化转换成高频载波信号的幅值变化。（2）D_1、C_5、L_2、C_6 组成了由二极管和 LC 形成的 π 形滤波的检波器。检波器的作用是将高频调幅信号中传感器检测到的低频信号取出来。（3）Q_2 组成射极跟随器。射极跟随器的作用是输入、输出匹配，以获得尽可能大的不失真输出的幅度值。

　　电涡流传感器是通过传感器端部线圈与被测物体（导电体）间的间隙变化来测量物体的振动相对位移量和静位移的，它与被测物之间没有直接的机械接触，具有很宽的使用频率范围（从 0～10MHz）。当无被测导体时，振荡器回路谐振于 f_0，传感器端部线圈 Q_0 为定值且最高，对应的检波输出电压 V_0 最大。当被测导体接近传感器线圈时，线圈 Q 值发生变化，振荡器的谐振频率发生变化，谐振曲线变得平坦，检波出的幅值 V_0 变小。V_0 变化反映了位移 x 的变化。电涡流传感器在位移、振动、转速、探伤、厚度测量上得到应用。

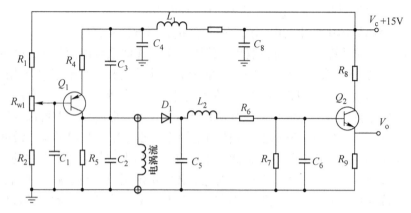

图实 20 - 4   电涡流变换器原理图

需用器件与单元

（1）主机箱中的 15V 直流稳压电源；

（2）电压表；

（3）电涡流传感器实验模板；

（4）电涡流传感器；

（5）测微头；

（6）被测体（铁圆片）；

（7）示波器。

实验步骤

（1）观察传感器结构，这是一个平绕线圈。调节测微头的微分筒，使微分筒的 0 刻度值与轴套上的 5mm 刻度值对准。按图实 20 - 5 安装测微头、被测体铁圆片、电涡流传感器（注意安装顺序：首先将测微头的安装套插入安装架的安装孔内，再将被测体铁圆片套在测微头的测杆上；然后在支架上安装好电涡流传感器；最后平移测微头安装套，使被测体与传感器端面相贴，并拧紧测微头安装孔的紧固螺钉），再按图实 20 - 5 示意接线。

（2）将电压表量程切换开关切换到 20V 挡，检查接线无误后开启主机箱电源，记下电压表读数，然后逆时针调节测微头微分筒，每隔 0.1mm 读一个数，直到输出 V_o 变化很小为止，并将数据列入表实 20 - 1（在输入端即传感器二端可接示波器观测振荡波形）。

表实 20 - 1   电涡流传感器位移 X 与输出电压数据

X/mm									
V/V									

（3）根据表实 20 - 1 的数据，画出 $V - X$ 实验曲线，根据曲线找出线性区域比较好的范围，计算灵敏度和线性度（可用最小二乘法或其他拟合直线）。实验完毕，关闭电源。

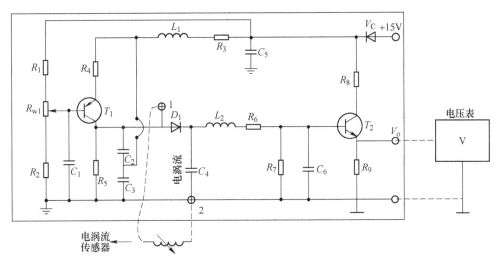

图实 20 - 5　电涡流传感器安装、接线示意图

实验二十一　被测体材质对电涡流传感器的特性影响实验

实验目的

了解不同被测体材料对电涡流传感器的性能影响。

基本原理

涡流效应与金属导体本身的电阻率和磁导率有关，因此不同的导体材料就会有不同的性能。

需用器件与单元

（1）主机箱中的±15V直流稳压电源；

（2）电压表；

（3）电涡流传感器实验模板；

（4）电涡流传感器；

（5）测微头；

（6）被测体（铜、铝圆片）。

实验步骤

（1）实验步骤与方法与实验二十相同。

（2）将实验二十中（图实20-4）的被测体铁圆片换成铝和铜圆片，进行被测体为铝圆片和铜圆片时的位移特性测试（重复实验二十的步骤），分别将实验数据列入表实21-1和表实21-2中。

表实21-1　被测体为铝圆片时的位移实验数据

X/mm										
V/V										

表实21-2　被测体为铜圆片时的位移实验数据

X/mm										
V/V										

（3）根据表实21-1、表实21-2的实验数据，在同一坐标上画出实验曲线进行比较。实验完毕，关闭电源。

实验二十二　被测体面积大小对电涡流传感器的特性影响实验

实验目的

了解电涡流传感器的位移特性与被测体的形状和尺寸有关。

基本原理

电涡流传感器在实际运用中，由于被测体的形状、大小不同，被测体上涡流效应的不充分，会减弱甚至不产生涡流效应，因此影响电涡流的静态特性，所以在实际测量中，往往必须针对具体的被测体进行静态特性标定。

需用器件与单元

（1）主机箱中的 ±15V 直流稳压电源；
（2）电压表；
（3）电涡流传感器；
（4）测微头；
（5）电涡流传感器实验模板；
（6）两个不同面积的铝被测体。

实验步骤

（1）传感器、测微头、被测体的安装。接线见图实 20 – 4，实验步骤和方法与实验二十相同。

（2）在测微头的测杆上分别用两种不同面积的被测铝材对电涡流传感器位移特性的影响进行实验，并分别将实验数据填入表实 22 – 1 中。

表实 22 – 1　同种铝材的面积大小对电涡流传感器位移的特性影响实验数据

X/mm										
被测体 1										
被测体 2										

（3）实验完毕，关闭电源。
（4）根据表实 22 – 1 数据画出实验曲线。

实验二十三　电涡流传感器测量振动实验

实验目的

了解电涡流传感器测量振动的原理与方法。

基本原理

根据电涡流传感器位移特性及被测材料，选择合适的工作点，即可测量振动。

需用器件与单元

（1）主机箱中的 ±15V 直流稳压电源；

（2）电压表；

（3）电涡流传感器；

（4）低频振荡器；

（5）电涡流传感器实验模板；

（6）被测体（铁圆片）；

（7）移相器/相敏检波器/滤波器模板；

（8）振动源、升降杆、传感器连接桥架；

（9）示波器。

实验步骤

（1）将被测体（铁圆片）放在振动源的振动台中心点上，按图实 23－1 安装电涡流传感器，并按图接线。

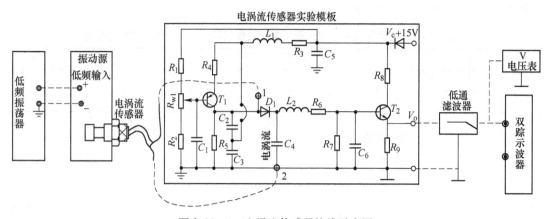

图实 23－1　电涡流传感器接线示意图

接线见图实 23－1，实验步骤和方法与实验二十相同。

（2）将主机箱上的低频振荡器幅度旋钮逆时针旋到底（使低频输出幅值为零）；电压表打在 20V 挡。仔细检查接线无误后，开启主机箱电源。调节升降杆高度，使电压表显示为 2V 左右, 即为电涡流传感器的最佳工作点安装高度。

（3）调节低频振荡器的频率为 8Hz 左右, 再顺时针慢慢调节幅度旋钮, 使振动台小幅度起振（振动幅度不要过大, 电涡流传感器非接触式测微小位移）。用示波器检测涡流变换器的输出波形, 再分别改变低频振荡器的振荡频率、幅度, 分别观察体会涡流变换器输出波形的变化。

（4）实验完毕, 关闭电源。

实验二十四　光纤位移传感器测位移特性实验

实验目的

了解光纤位移传感器的工作原理和性能。

基本原理

光纤位移传感式利用光纤位移的特性研制而成。光纤具有许多优异的性能，如抗电磁干扰和原子辐射的性能，径细、质软、质量轻的力学性能，绝缘、无感应的电气性能，耐水、耐高温、耐腐蚀的化学性能等，它能够在人达不到的地方或者对人有害的区域，起到人的耳目的作用，而且还能超越人体的生理界限，接收人的感官所感受不到的外界信息。

光纤位移传感主要分为两类：功能型光纤传感器及非功能型光纤传感器。利用对外界信息具有敏感能力和检测功能的光纤构成传和感合为一体的传感器。这里光纤不仅起传光的作用而且还起敏感作用，工作时利用测量去改变描述光束的一些基本参数，如光的强度、相位、偏振、频率等，它们的改变反映了被测量的变化。由于对光信号的检测通常使用光电二极管等光电元件，所以光的那些参数的变化最终都要被光接收器接收并被转换成光强度及相位的变化。这些变化经过信号处理后就可得到被测的物理量。利用光纤传感器的这种特性可以实现力、压力、温度等无力参数的测量。非功能型光纤传感器主要利用光纤对光的传输作用，由其他敏感元件与光纤信息传输回路组成测试系统，光纤在此仅仅起到传输作用。

本实验采用的是传光型光纤位移传感器，它由两束光纤混合后，组成 Y 形光纤，半圆分布即双 D 分布，一束端部与光源相接发射光束，另一束端部与光电转换器相接接收光束。两光束混合后的端部是工作端亦称探头，它与被测体相距 d，由光源发出的光线传到端部出射后再经被测体反射回来，另一束光纤接收光信号由光电转换器转换成电量，如图实 24 – 1 所示。

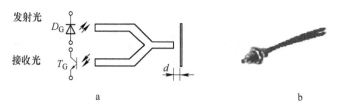

图实 24 – 1　Y 形光纤测位移工作原理图

a—光纤测位移原理；b—Y 形光纤

传光型光纤传感器位移测量是根据传送光纤的光场与受讯光纤交叉地方视景作决定的。当光纤探头与被测物接触或零间隙时（$d = 0$），则全部传输光量直接被反射至传输光纤。没有提供光给接收端的光纤，输出信号变为零。当光纤探头与被测物体之距离增加时（$d\uparrow$），到接收端光纤全部被照明为止，此时也称为光峰值，达到光峰值之后，探头与被测物体之间的距离继续增加时，将造成反射光扩散或超过接收端接收视野，使得输出信号与测量距离成反比例关系。如图实 24 – 2 曲线所示，一般都选用线性范围较好的前坡为测试区域。

需用器件与单元

（1）主机箱中的 ±15V 直流稳压电源；

（2）电压表；

（3）Y 形光纤传感器；

（4）光纤传感器实验模板；

（5）测微头；

（6）反射面（抛光铁圆片）。

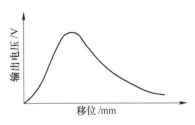

图实 24 - 2　光纤位移特性曲线

实验步骤

（1）观察光纤结构。两根多模光纤组成 Y 形光纤位移传感器。将二根多模光纤尾部端面对住自然光照射，观察探头端面现象，当其中一根光纤尾部端面用不透光纸挡住时，在探头端观察面为半圆双 D 形结构。

（2）按图实 24 - 3 示意安装接线。

1）安装光纤。安装光纤时，要用手抓捏两根光纤尾部的包铁部分，轻轻插入光电座中，绝对不能用手抓捏光纤的黑色包皮部分进行插拔，插入时不要过分用力，以免损坏光纤座组件中的光电管。

2）测微头、被测体安装。调节测微头的微分筒到 5mm 处，测微头的安装套插入支架座安装孔内，并在测微头的测杆上套上被测体，移动测微头安装套，使被测体的反射面紧贴住光纤探头，并拧紧紧固螺钉。

（3）将主机箱电压表打到 20 挡，检查接线无误后合上主机箱电源开关。调节实验模板上的 R_w，使主机箱中的电压表显示为 0V。

（4）逆时针转动测微头的微分筒，每隔 0.1mm 读取电压表显示值，填入表实 24 - 1。

（5）实验完毕，关闭电源。

（6）根据表实 24 - 1 数据画出实验曲线，并找出线性区域较好的范围，计算灵敏度和非线性误差。

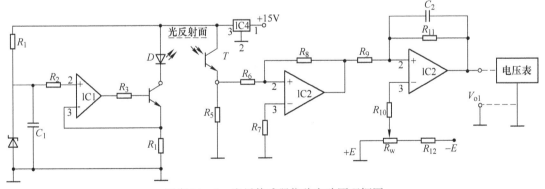

图实 24 - 3　光纤传感器位移实验原理框图

表实 24 -1　光纤位移传感器输出电压与位移数据

X/mm											
V/V											

实验二十五　光电传感器测转速实验

实验目的

了解光电转速传感器测量转速的原理及方法。

基本原理

光电式转速传感器有反射型和透射型两种，本实验装置是透射型的，传感器端部二内侧分别装有光电管和发光管，发光管发出的光源透过转盘上通孔后，由光电管接收转换成电信号，由于转盘上有均匀间隔的 6 个孔，转动时将获得与转速有关的脉冲数，脉冲经处理由频率表显示 f，即可得到转速 $n = 10f$。实验原理框图如图实 25 – 1 所示。

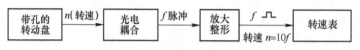

图实 25 – 1　光耦测转速实验原理框图

需用器件与单元

（1）主机箱中的转速调节 0～24V 直流稳压电源；

（2）电压表；

（3）+5V 直流稳压电源；

（4）频率/转速表；

（5）转动源；

（6）电转速传感器 – 光电断续器。

实验步骤

（1）将主机箱中转速调节 0～24V 旋钮旋到最小并接上电压表，再按图实 25 – 2 所示接线，将主机箱中频率/转速表的切换开关切换到转速处。

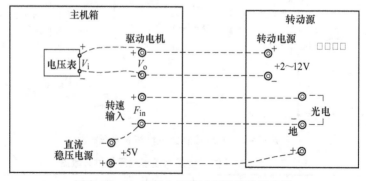

图实 25 – 2　控制电机转速实验接线示意图

（2）检查接线无误后合上主机箱电源开关，在小于 12V 范围内调节主机箱的转速调节电源，观察电机转动及转速表的显示情况。

（3）从2V开始记录每增加1V相应电机转速的数据，列入表实25-1中；画出电机的 $V-n$ 特性曲线。

（4）实验完毕，关闭电源。

表实25-1　光电传感器输出电压与转速数据

V/V										
$N/\text{r}\cdot\text{min}^{-1}$										

实验二十六　Pt100 铂电阻测温特性实验

实验目的

了解 Pt100 热电阻 – 电压转换方法及 Pt100 热电阻测温特性与应用。

基本原理

利用导体电阻随温度变化的特性，可以制成热电阻，要求其材料电阻温度系数大，稳定性好，电阻率高，电阻与温度之间最好有线性关系。常用的热电阻有铂电阻（500℃以内）和铜电阻（150℃以内）。铂电阻是将 0.05 ~ 0.07mm 的铂丝绕在线圈骨架上封装在玻璃或陶瓷内构成的，图实 26 – 1 是铂热电阻的结构。

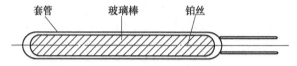

图实 26 – 1　铂热电阻的结构

在 0 ~ 500℃以内，它的电阻 R_t 与温度 t 的关系为：

$$R_t = R_o(1 + At + B^2 t)$$

式中，R 为温度是 0℃时的电阻值（本实验的铂电阻 $R_o = 100\Omega$）。

$$A = 3.9684 \times 10^{-3}℃^{-1}$$
$$B = -5.847 \times 10^{-7}℃^{-1}$$

铂电阻一般是三线制，其中一端接一根引线另一端接两根引线，主要为远距离测量消除引线电阻对桥臂的影响（近距离可用二线制，导线电阻忽略不计）。实际测量时将铂电阻随温度变化的阻值通过电桥转换成电压的变化量输出，再经放大器放大后直接用电压表显示，如图实 26 – 2 所示。

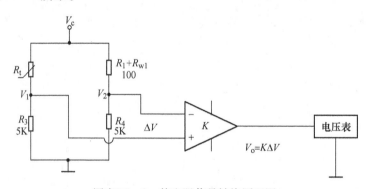

图实 26 – 2　热电阻信号转换原理图

图中，$\Delta V = V_1 - V_2$；$V_1 = [R_3/(R_3 + R_t)]V_c$；$V_2 = [R_4/(R_4 + R_1 + R_{w1})]V_c$；

$$\Delta V = V_1 - V_2 = \{[R_3/(R_3 + R_t)] - [R_4/(R_4 + R_1 + R_{w1})]\}V_c$$

所以，　$V_o = K\Delta V = K\{[R_3/(R_3 + R_t)] - [R_4/(R_4 + R_1 + R_{w1})]\}V_c$

式中，R_t 随温度的变化而变化，其他参数都是常量，所以放大器的输出 V_o 与温度（R_t）有一一对应关系，通过测量 V_o 可以计算出 R_t：

$$R_t = R_3 \big[K(R_1 + R_{w1})V_c - (R_4 + R_1 + R_{w1})V_o \big] / \big[KV_cR_4 + (R_4 + R_1 + R_{w1})V_o \big]$$

Pt100 热电阻一般用在冶金、化工行业以及需要温度测量控制的设备上，适用于测量、控制小于 600℃ 的温度。本实验由于受到温度源以及安全上的限制，所做的实验温度值小于 160℃。

需用器件与单元

（1）主机箱中的智能调节器单元；

（2）电压表；

（3）转速调节 0~24V 电源；

（4）±15V 直流稳压电源；

（5）±2~±10V（步进可调）直流稳压电源；

（6）温度源；

（7）Pt100 热电阻两支（1 支温度控制用，1 支温度源用）；

（8）温度传感器实验模板；

（9）压力传感器实验模板（作为直流 mV 信号发生器）；

（10）4（1/2）位数显万用表。

温度传感器实验模板简介

图实 26-3 中的温度传感器实验模板由三个运放组成的测量放大电路、ab 传感器符号、传感器信号转换电路（电桥）及放大器工作电源引入插孔构成；其中 R_{w1} 实验模板内部已调试好（$R_{w1} + R_1 = 100\Omega$），面板上的 R_{w1} 已无效不起作用：R_{w2} 为放大器的增益电位器；R_{w3} 为放大器电平移动（调零）电位器；ab 传感器符号：∠接热电偶（K 热电偶或 E 热电偶）：双圈符号接 AD590 集成温度传感器：R_t 接热电阻（Pt100 铂电阻或 Cu50 铜电阻）。具体接线参照具体实验。

实验步骤

（1）温度传感器实验模板放大器调零。按图实 26-3 示意接线。将主机箱上的电压表量程切换开关打到 2V 挡，检查接线无误后合上主机箱电源开关，调节温度传感器实验模板中的 R_{w2}（增益电位器）顺时针转到底，再调节 R_{w3}（调零电位器）使主机箱的电压表显示为 0（零位调好后 R_{w3} 电位器旋钮位置不要改动）。关闭主机箱电源。

（2）调节温度传感器实验模板放大器的增益 K 为 10 倍。利用压力传感器实验模板的零位偏移电压作为温度实验模板放大器的输入信号来确定温度实验模板放大器的增益 K。按图实 26-4 示意接线，检查接线无误后（尤其要注意实验模板的工作电源 ±15V），合上主机箱电源开关，调节压力传感器实验模板上的 R_{w2}（调零电位器），使压力传感器实验模板中的放大器输出电压为 0.020V（用主机箱电压表测量）；再将 0.020V 电压输入到温度传感器实验模板的放大器中，再调节温度传感器实验模板中的增益电位器 R_{w2}（小心：不要误碰调零电位器 R_{w3}），使温度传感器实验模板放大器的输出电压为 0.0200V（增益调好后 R_{w2} 电位器旋钮位置不要改动）。关闭电源。

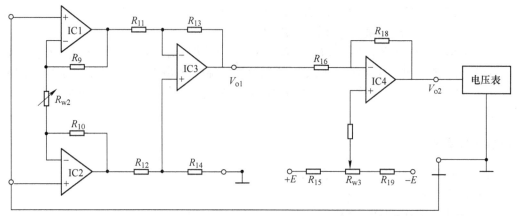

图实 26 – 3　温度传感器实验模板放大器调零接线示意图

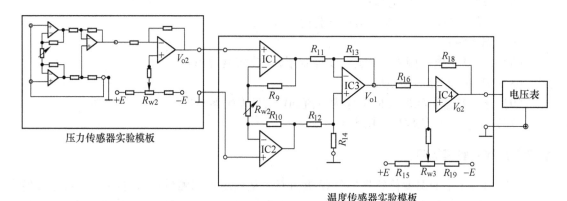

图实 26 – 4　调节温度模板放大器增益 K 接线示意图

（3）用万用表 200Ω 挡测量并记录 Pt100 热电阻在室温时的电阻值（不要用手抓捏传感器测温端，放在桌面上）。三根引线中同色线为热电阻的一端，异色线为热电阻的另一端（用万用表油量估计误差较大，按理应该用惠斯顿电桥测量，实验是为了理解掌握原理，误差稍大点无所谓，不影响实验）。

（4）Pt100 热电阻测量室温时的输出：撤去压力传感器实验模板。将主机箱中的 ±2 ~ ±10V（步进可调）直流稳压电源调节到 ±2V 挡；电压表量程切换开关打到 ±2V 挡。再按图实 26 – 5 示意接线，检查接线无误后合上主机箱电源开关，待电压表显示不再上升处于稳定值时，记录室温时温度传感器实验模板放大器的输出电压 $V_{\circ}$（电压表显示值）。关闭电源。

（5）保留图实 26 – 5 的接线，同时将实验传感器 Pt100 铂热电阻插入温度源中，温度源的温度控制接线按图实 26 – 6 示意接线。将调节器控制对象开关拨到 R_t、V_i 位置。检查接线无误后合上主机箱电源，再合上调节器电源开关和温度源电源开关，将温度源调节控制在 40℃（调节器参数的设置及使用和温度源的使用实验方法参阅实验二十九），待电压表显示上升到平衡点时记录数据。

（6）温度源的温度在 40℃ 的基础上，可按 $\Delta t = 10℃$（温度源在 40 ~ 160℃ 范围内）增加温度，设定温度源温度值，待温度源温度动态平衡时读取主机箱电压表的显示值并填入表实 26 – 1。

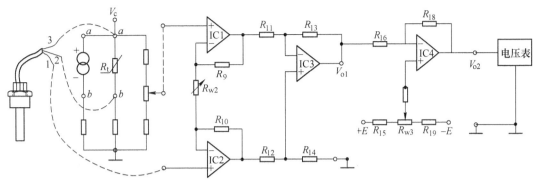

图实 26 - 5 Pt100 热电阻测室温时接线示意图

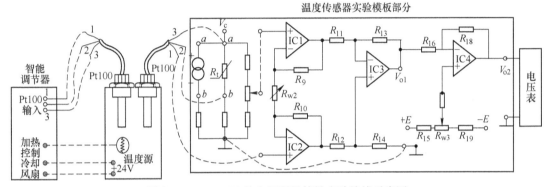

图实 26 - 6 Pt100 热电阻测温特性实验接线示意图

表实 26 - 1 **Pt100 热电阻测温实验数据**

$t/℃$	室温	40	45		...			150
V_o/V					...			
R_t/Ω					...			

（7）表实 26 - 1 中的 R_t 数据值根据 V_o、V_c 值计算：

$$R_t = R_3[K(R_1 + R_{w1})V_c - (R_4 + R_1 + R_{w1})V_o]/[KV_cR_4 + (R_4 + R_1 + R_{w1})V_o]$$

式中，$K = 10$；$R_3 = R_4 = 5000\Omega$；$R_1 + R_{w1} = 50\Omega$；$V_c = 4V$；V_o 为测量值。将计算值填入表实 26 - 1 中，画出 $t(℃)$ — $R_t(\Omega)$ 实验曲线并计算其非线性误差。

（8）再根据表实 26 - 2 的 Pt100 铂热电阻与温度 t 的对应表（Pt100 - t 国际标准分度值表）对照实验结果。最后将调节器实验温度设置到 40℃，待温度源回到 40℃ 左右后实验结束。关闭所有电源。

表实 26 - 2 **Pt100 铂电阻分表**（$t - R_t$ 对应值）

分度号：Pt100　　　　$R_o = 100\Omega$　　　　$\alpha = 0.003910$

温度/℃	0	1	2	3	4	5	6	7	8	9
	电 阻 值/Ω									
0	100.00	100.40	100.79	101.19	101.59	101.98	102.38	102.78	103.17	103.57
10	103.96	104.36	104.75	105.15	105.54	105.94	106.33	106.73	107.12	107.52
20	107.91	108.31	108.70	109.10	109.49	109.88	110.28	110.67	111.07	111.46

续表实 26 - 2

温度/℃	0	1	2	3	4	5	6	7	8	9
	电　阻　值/Ω									
30	111.85	112.25	112.64	113.03	113.43	113.82	114.21	114.60	115.00	115.39
40	115.78	116.17	116.57	116.96	117.35	117.74	118.13	118.52	118.91	119.31
50	119.70	120.09	120.48	120.87	121.26	121.65	122.04	122.43	122.82	123.21
60	123.60	123.99	124.38	124.77	125.16	125.55	125.94	126.33	126.72	127.10
70	127.49	127.88	128.27	128.66	129.05	129.44	129.82	130.21	130.60	130.99
80	131.37	131.76	132.15	132.54	132.92	133.31	133.70	134.08	134.47	134.86
90	135.24	135.63	136.02	136.40	136.79	137.17	137.56	137.94	138.33	138.72
100	139.10	139.49	139.87	140.26	140.64	141.02	141.41	141.79	142.18	142.66
110	142.95	143.33	143.71	144.10	144.48	144.86	145.25	145.63	146.10	146.40
120	146.78	147.16	147.55	147.93	148.31	148.69	149.07	149.46	149.84	150.22
130	150.60	150.98	151.37	151.75	152.13	152.51	152.89	153.27	153.65	154.03
140	154.41	154.79	155.17	155.55	155.93	156.31	156.69	157.07	157.45	157.83
150	158.21	158.59	158.97	159.35	159.73	160.11	160.49	160.86	161.24	161.62
160	162.00	162.38	162.76	163.13	163.51	163.89				

实验二十七　Cu50 铜热电阻测温特性实验

实验目的

了解铜热电阻的测温原理与应用。

基本原理

铜热电阻的测温原理与铂热电阻一样，利用导体电阻随温度变化的特性，常用铜电阻 Cu50 在 $-50 \sim +150$℃以内，电阻 R_t 与温度 t 的关系：$R_t = R_0(1 + \alpha t)$，式中，R_0 系温度为 0℃时的电阻值（Cu50 在 0℃时的电阻值为 $R_0 = 50\Omega$）；α 是电阻温度系数，$\alpha = (4.25 \sim 4.28) \times 10^3$℃$^{-1}$。铜电阻用直径为 0.1mm 的绝缘铜丝绕在绝缘骨架上，再用树脂保护，铜电阻的优点是线性好、价格低、α 值大，但易氧化，氧化后线性度变差，所以铜电阻只能检测较低的温度。铜电阻与铂电阻测温接线方法相同，一般也是三线制。

需用器件与单元

（1）主机箱中的智能调节器单元；

（2）电压表；

（3）转速调节 0～24V 电源；

（4）±15V 直流稳压电源；

（5）±2～±10V（步进可调）直流稳压电源；

（6）温度源、Pt100 热电阻（温度控制传感器）；

（7）Cu50 铜热电阻（实验传感器）；

（8）温度传感器实验模板；

（9）压力传感器实验模板（作为直流 mV 信号发生器）；

（10）4（1/2）位数显万用表（自备）。

实验步骤

（1）将实验二十六中的实验温度传感器 Pt100 铂电阻换成 Cu50 铜热电阻，在温度传感器实验模板的桥路电阻 $R_1 + R_{w1}$ 两端并联一根 100Ω 的专用连线，实验温度范围为室温至 150℃。

（2）具体实验连线、实验方法和步骤与实验二十六相同。将实验数据填写到表实 27 - 1。

表实 27 - 1　Cu50 铜热电阻测温实验数据

$t/$℃	室温	40	45		...			150	
$V_o/$V					...				
R_t/Ω					...				

（3）表实 27 - 1 中的 R_t 数据值根据 V_o、V_c 值计算：

$$R_t = R_3 \left[K(R_1 + R_{w1})V_c - (R_4 + R_1 + R_{w1})V_o \right] / \left[KV_cR_4 + (R_4 + R_1 + R_{w1})V_o \right]$$

式中，$K = 10$；$R_3 = R_4 = 5000\Omega$；$R_1 + R_{w1} = 50\Omega$；$V_c = 4V$；V_o 为测量值。将计算值填入表实 27 - 1 中，画出 $t(\text{℃})$ - $R_t(\Omega)$ 实验曲线并计算其非线性误差。

（4）再根据表实 27 - 2 的 Cu50 铜热电阻与温度 t 的对应表（Cu50 - t 国际标准分度值表）对照实验结果。最后将调节器实验温度设置到 40℃，待温度源回到 40℃左右后实验结束。关闭所有电源。

表实 27 - 2　Cu50 铜热电阻分度表（t - R_t 对应值）

分度号：Cu50　　　　　$R_o = 50\Omega$　　　　　$\alpha = 0.004280$

温度/℃	电 阻 值/Ω									
	0	1	2	3	4	5	6	7	8	9
0	50.00	50.21	50.43	50.64	50.86	51.07	51.28	51.50	51.71	51.93
10	52.14	52.36	52.57	52.79	53.00	53.21	53.43	53.64	53.86	54.07
20	54.28	54.50	54.71	54.92	55.14	55.35	55.57	55.78	56.00	56.21
30	56.42	56.64	56.85	57.07	57.28	57.49	57.71	57.92	58.14	58.35
40	58.56	58.78	58.99	59.20	59.42	59.63	59.85	60.06	60.27	60.49
50	60.70	60.92	61.13	61.34	61.56	61.77	61.98	62.20	62.41	62.63
60	62.84	63.05	63.27	63.48	63.70	63.91	64.12	64.34	64.55	64.76
70	64.98	65.19	65.41	65.62	65.83	66.05	66.26	66.48	66.69	66.90
80	67.12	67.33	67.54	67.76	67.97	68.19	68.40	68.62	68.83	69.04
90	69.26	69.47	69.68	69.90	70.11	70.33	70.54	70.76	70.97	71.18
100	71.40	71.61	71.83	72.04	72.25	72.47	72.68	72.90	73.11	73.33
110	73.54	73.75	73.97	74.18	74.40	74.61	74.83	75.04	75.26	75.47
120	75.68	75.90	76.11	76.33	76.54	76.76	76.97	77.19	77.40	77.62
130	77.83	78.05	78.26	78.48	78.69	78.91	79.12	79.34	79.55	79.77
140	79.98	80.20	80.41	80.63	80.84	81.06	81.27	81.49	81.70	81.92
150	82.13	—	—	—	—	—	—	—	—	—

实验二十八　K 热电偶测温性能实验

实验目的

了解热电偶测温原理及方法和利用。

基本原理

1821 年德国物理学家赛贝克发现和证明了两种不同的材料的导体 A 和 B 组成的闭合回路，当两个结点温度不相同时，回路中将产生电动势。这种物理现象称为热电效应（赛贝克效应）。

热电偶测温原理是利用的热电效应。如图实 28 – 1 所示，热电偶就是将 A 和 B 两种不同金属材料的一端焊接而成。A 和 B 称为热电极，焊接的一端是接触热场的 T 端称为工作端或测量端，也称热端；未焊接的一端处在温度 T_0 称为自由端或参考端，也称冷端（接引线用来连接测量仪表的两根导线 C 是同样的材料，可以是与 A 和 B 不同种的材料）。T 与 T_0 的温差越大，热电偶输出的电动势越大；温差为 0 时，热电偶的输出的电动势为 0；因此，可以用测热电动势大小衡量温度的大小。国际上，根据热电偶的 A、B 热电极材料不同，分成若干分度号，如常用的 K、E、T 等，并且有相应的分度表，即参考端温度为 0℃时测量端温度与热电动势的对应关系表；可以通过测量热电偶输出的热电动势值再查分度表得到相应的温度值。热电偶一般应用在冶金、化工和炼油行业，用于测量、控制较高的温度。

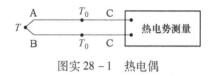

图实 28 – 1　热电偶

需用器件与单元

（1）主机箱的智能调节器单元；
（2）电压表；
（3）转速调节 0 ~ 24V 电源、±15V 直流稳压电源；
（4）温度源；
（5）Pt100 热电阻（温度控制传感器）；
（6）K 热电偶（温度特性实验传感器）；
（7）温度传感器实验模板；
（8）压力传感器实验模板（作为直流 mV 信号发生器）。

实验步骤

（1）温度传感器实验模板放大器调零，按图实 28 – 2 示意接线。
（2）将主机箱上的电压表量程切换开关打到 2V 挡，检查接线无误后合上主机箱电源

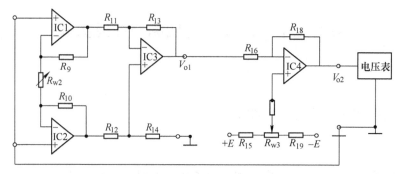

图实 28 - 2　温度传感器实验模板放大器调零接线示意图

开关，调节温度传感器实验模板中的 R_{w2}（增益电位器）顺时针旋转到底，再调节 R_{w3}（调零电位器）使主机箱的电压表显示为 0（零位调好后 R_{w3} 电位器旋转钮位置不要改动）。关闭主机箱电源。

（3）调节温度传感器实验模板放大器的增益 A 为 100 倍：利用压力传感器实验模板的零位偏移电压作为温度实验模板放大的输入信号来确定温度实验模板放大器的增益 A。按图实 28 - 3 示意接线，检查接线无误后合上主机箱电源开关，调节压力传感器实验模板上的 R_{w2}（调零电位器），使压力传感器实验模板中的放大器输出电压为 0.010V（用主机箱电压表测量）；再将 0.010V 电压输入温度传感器实验模板放大器中，调节温度传感器实验模板中的增益电位器 R_{w2}（小心：不要误碰调零电位器 R_{w3}），使温度传感器实验模板放大的输出电压为 1.000V（增益调好后 R_{w2} 电位器旋转钮位置不要改动）。关闭电源。

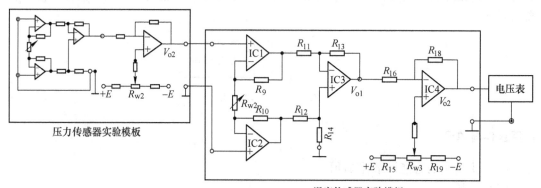

图实 28 - 3　调节温度模板放大器增益 A 接线示意图

（4）测量室温值 t_0'：按图实 28 - 4 接线（不要手抓捏 Pt100 热电阻测量端），Pt100 热电阻放在桌面上。检查接线无误后，将调节器的控制对象开关拨到 R_t. V_i 位置后再合上主机箱电源开关和调节器电源开关。稍待 1min 左右，记录下调节器 PV 窗口显示的室温值（上排数码管显示值）为 t_0'，关闭调节器电源和主机箱电源开关。将 Pt100 热电阻插入温度源中。

（5）热电偶测室温（无温差）时的输出：按图实 28 - 5 接线（不要用手抓捏 K 热电偶测温端），热电偶放在桌面上。主机箱电压表的量程切换开关切换到 200mV 挡，检查接线无误后，合上主机箱电源开关，稍待 1min 左右，记录电压表显示值 $V_o/100$，再查表实 26 - 2 得 $\Delta t \approx 0$℃（无温差输出为 0）。

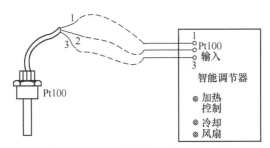

图实 28 – 4　室温测量实验接线示意图

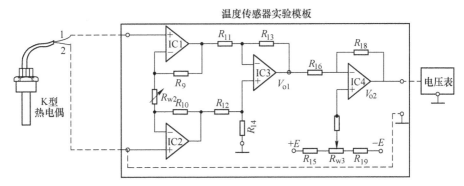

图实 28 – 5　热电偶侧无温差时实验接线

　　(6) 电平移动法进行冷端温度补偿 (实验步骤 3 中记录下的室温值是工作时间的参考温度即为热电偶冷端温度 t'_o;根据热电偶冷端温度 t'_o 查表实 28 – 2 得到 $E(t'_o, t_o)$,再根据 $E(t'_o, t_o)$ 进行冷端温度补偿);将图实 28 – 5 中的电压表量程开关切换到 2V 挡,调节温度传感器实验模板中的 R_{w3} (电平移动),使电压表显示 $V_o = E(t'_o, t_o) \times A = E(t'_o, t_o) \times 100$。冷端温度补偿调节好后不再改变 R_{w3} 的位置,关闭主机箱电源开关,将热电偶插入温度源中。

　　(7) 热电偶测温特性实验:温度源的控制按图实 28 – 6 示意接线,将主机箱上的转速调节旋钮 (0 ~ 24V) 顺时针旋转到底 (24V);将调节器控制对象开关拨到 R_t、V_i 位置。检查接线无误后合上主机箱电源开关,再合上调节器电源开关和温度源电源开关,将温度源调节控制在 40℃ (调节器参数的设置及使用和温度源使用实验方法参阅实验二十五),待电压表显示上升到平衡点时记录数据。再按表实 28 – 1 中的数据设置温度源的温度并将放大器的相应输出值填入表中。

　　(8) 由 $E(t,t_o) = E(t,t'_o) + E(t'_o,t_o) = V_o/A$ 计算得到 $E(t, t_o)$,再根据 $E(t, t_o)$ 的值从表实 28 – 2 中查到相应的温度值,并与实验给定温度值对照 (注:热电偶一般应用于测量比较高的温度,不能只看绝对误差。如绝对误差为 8℃,但它的相对误差即精度 $\Delta\% = (8/800) \times 100\% = 1\%$)。最后将调节器实验温度设置到 40℃,待温度源回复到 40℃左右后关闭所有电源。

表实 28 –1　K 热电偶热电势 (经过放大器放大 $A = 100$ 倍后的热电势) 与温度数据

$t/℃$	室温	40	50	...	160
V_o/mV					

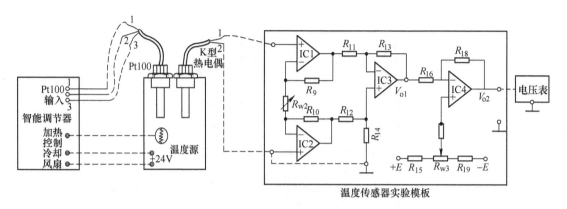

图实 28 - 6　K 热电偶测温特性实验接线示意图

热电偶使用说明

　　热电偶由 A、B 热电极材料及直径（偶丝直径）决定其测温范围，如 K 热电偶，偶丝直径 3.2mm 时测温范围 0 ~ 1200℃，本实验用的 K 热电偶偶丝直径为 0.5mm，测温范围 0 ~ 800℃；E 热电偶，偶丝直径为 3.2mm 时测温范围 - 200 ~ + 750℃，实验用的 E 热电偶偶丝直径为 0.5mm，测温范围 - 200 ~ + 350℃。由于温度源温度小于 200℃，所以，所有热电偶的实际测温实验范围小于 180℃。

　　从热电偶的测温范围原理可知，热电偶测量的是测量端与参考端之间的温度差，必须保证参考端温度为 0℃时才能正确测量测量端的温度，否则存在着参考端所处环境温度值误差。

　　热电偶的分度表（见附录表）是定义在热电偶的参考端（冷端）为 0℃时热电偶输出的热电动势与热电偶测量端（热端）温度值的对应关系。热电偶测温时要对参考端（冷端）进行修正（补偿），计算公式为：

$$E(t,t_o) = E(t,t'_o) + E(t'_o,t_o)$$

式中　$E(t, t_o)$ ——热电偶测量端温度为 t，参考端温度为 $t_o = 0℃$ 时的热电势值；

　　　　$E(t, t'_o)$ ——热电偶测量端温度为 t，参考端温度为 t'_o 不等于 0℃时的热电势值；

　　　$E(t'_o, t_o)$ ——热电偶测量端温度 t'_o，参考端温度为 $t_o = 0℃$ 时的热电势值。

　　【例】 用一支分度号为 K 热电偶测量温度源的温度，工作时的参考端温度（室温）$t'_o = 20℃$，而测得热电偶输出的热电势（经过放大器放大的信号，假设放大器的增益 $A = 10$）为 32.7mv，则 $E(t, t'_o) = 32.7mV ÷ 10 = 3.27mV$，那么热电偶测得温度源的温度是多少呢？

　　解： 由附表 3 查得：

$$E(t'_o,t_o) = E(20,0) = 0.798mV$$

已测得　　　　　　　$E(t,t'_o) = 32.7mV ÷ 10 = 3.27mV$

故　　$E(t,t_o) = E(t,t'_o) + E(t'_o,t_o) = 3.27mV + 0.798mV = 4.068mV$

　　热电偶测量温度源的温度可以从分度表中查出，与 4.068mV 所对应的温度是 100℃。

表实28-2　K热电偶分度表

分度号：K　　　　　　　　　　　　　　　　　　　　　　　　　（参考端温度为0℃）

测量端温度/℃	0	1	2	3	4	5	6	7	8	9
	热　电　动　势/mV									
0	0.000	0.039	0.079	0.119	0.158	0.198	0.238	0.277	0.317	0.357
10	0.397	0.437	0.477	0.517	0.557	0.597	0.637	0.677	0.718	0.758
20	0.798	0.838	0.879	0.919	0.960	1.000	1.041	1.081	1.122	1.162
30	1.203	1.244	1.285	1.325	1.366	1.407	1.448	1.489	1.529	1.570
40	1.611	1.652	1.693	1.734	1.776	1.817	1.858	1.899	1.949	1.981
50	2.022	2.064	2.105	2.146	2.188	2.229	2.270	2.312	2.353	2.394
60	2.436	2.477	2.519	2.560	2.601	2.643	2.684	2.726	2.767	2.809
70	2.850	2.892	2.933	2.975	3.016	3.058	3.100	3.141	3.183	3.224
80	3.266	3.307	3.349	3.390	3.432	3.473	3.515	3.556	3.598	3.639
90	3.681	3.722	3.764	3.805	3.847	3.888	3.930	3.971	4.012	4.054
100	4.095	4.137	4.178	4.219	4.261	4.302	4.343	4.384	4.426	4.467
110	4.508	4.549	4.590	4.632	4.673	4.714	4.755	4.796	4.837	4.878
120	4.919	4.960	5.001	5.042	5.083	5.124	5.164	5.205	5.246	5.287
130	5.327	5.368	5.409	5.450	5.490	5.531	5.571	5.612	5.652	5.693
140	5.733	5.774	5.814	5.855	5.895	5.936	5.976	6.016	6.057	6.097
150	6.137	6.177	6.218	6.258	6.298	6.338	6.378	6.419	6.459	6.499
160	6.539	6.579	6.619	6.659	6.699	6.739	6.779	6.819	6.859	6.899
170	6.939	6.979	7.019	7.059	7.099	7.139	7.179	7.219	7.259	7.299
180	7.338									

实验二十九　K 热电偶冷端温度补偿实验

实验目的

了解热电偶冷端温度补偿的原理与补偿方法。

基本原理

热电偶测量温度时，它的冷端往往处于温度变化的环境中，而它测量的是热端与冷端之间的温度差，由此要进行冷端补偿。热电偶的冷端温度补偿的常用方法有：计算法、冰水法（0℃）、恒温槽法和电桥自动补偿法等。实际检测时在热电偶和放大电路之间接入一个其中一个桥臂是由 PN 结二极管组成的直流电桥，如图实 29 - 1 所示，这个直流电桥称为冷端温度补偿器，电桥在 0℃ 达到平衡。当热电偶冷端温度升高时（大于 0℃），热电偶回路电势 U_{ab} 下降，由于补偿器中 PN 呈现负温度系数，其正向压降随着温度的升高而下降，促使 2 端电位上升，其值正好补偿热电偶因自由端温度升高而降低的电势，使 V_i 不变，达到补偿的目的。

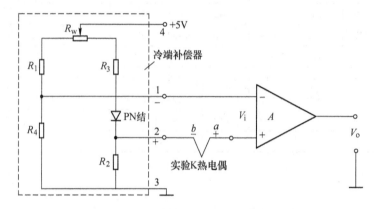

图实 29 - 1　热电偶冷端温度补偿器原理

需用器件与单元

（1）主机箱的智能调节器单元；
（2）电压表；
（3）转速调节 0 ~ 24V 电源；
（4）±15V 直流稳压电源；
（5）温度源；
（6）Pt100 热电阻；
（7）K 热电偶；
（8）温度传感器实验模板；
（9）压力传感器实验模板；
（10）冷端温度补偿器；

（11）补偿器专用 +5V 直流稳压电源。

实验步骤

（1）温度传感器实验模板放大器调零。

（2）按照图实 29 - 2 示意接线，将主机箱上的电压表量程打到 2V 挡，检查接线无误后，合上主机箱电源开关。调节温度传感器实验模板中的 R_{w2}，再调节 R_{w3}，使主机箱的电压表显示为零。关闭主机箱电源。

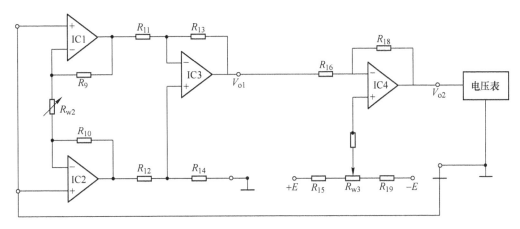

图实 29 - 2　温度传感器实验模板放大器调零接线示意图

（3）调节温度传感器实验模板放大器的增益 A 为 100 倍。

（4）利用压力传感器实验模板的零位偏移电压为温度实验模板放大器的输入信号来确定温度实验模板放大器的增益 A。按图实 29 - 3 示意接线，检查接线无误后，合上主机箱电源开关。

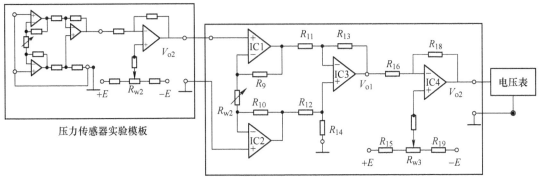

图实 29 - 3　调节温度模板放大器增益 A 接线示意图

（5）调节压力传感器实验模板上的 R_{w2}，使压力传感器实验模板中的放大器输出电压为 0.010V；再将 0.010V 电压输入温度传感器实验模板的放大器中，再调节温度传感器实验模板上的 R_{w2}，使温度传感器实验模板放大器的输出电压为 1V，关闭电源。

（6）将主机箱上的转速调节旋钮顺时针调到底（24V），将调节器控制对象开关拨到

R_t、V_i 位置。将冷端补偿器的专用电源插头插到主机箱侧面的交流 220V 插座上，按图实 29 - 4 示意接线。检查接线无误后，合上主机箱电源开关。再合上调节器的电源开关和温度源电源开关，将温度源调节控制在 40℃，待电压表显示上升到平衡点时记录数据。再按表实 29 - 1 中温度值设置温度源的温度，并将放大器的相应输出值填入表中。

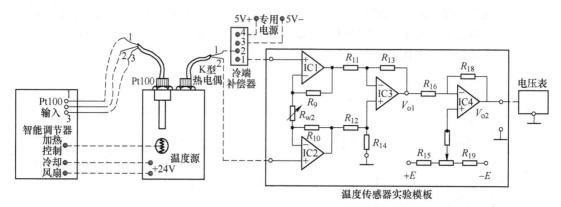

图实 29 - 4　热电偶冷端温度补偿实验接线示意图

表实 29 - 1　K 热电偶电势与温度数据

$t/℃$	室温	40	50	...	160
V_o/mV					

（7）由 $E(t,t_0) = E(t,t_0') + E(t_0',t) = V_o/A$ 计算得到 $E(t, t_0)$，再根据 $E(t, t_0)$ 的值从表实 28 - 2 可以查到相应的温度值，并与实验给定温度值对照，计算误差。最后将调节器实验温度设置到 40℃，待温度源回复到 40℃ 左右后，关闭所有电源。

实验三十　E 热电偶测温性能实验

实验目的

了解不同分度号热电偶测量温度的性能与应用。

基本原理

参阅实验二十八。

需用器件与单元

（1）主机箱的智能调节器单元；

（2）电压表；

（3）转速调节 0～24V 电源；

（4）±5V 直流稳压电源；

（5）温度源；

（6）Pt100 热电阻；

（7）E 热电偶；

（8）温度传感器实验模板；

（9）压力传感器实验模板。

实验步骤

（1）将实验二十八中的 K 热电偶换成 E 热电偶，实验接线、方法和步骤完全与实验二十八相同。

（2）按照实验二十八进行实验，并将实验数据填入表实 30 - 1 中。

表实 30 - 1　E 热电偶电势与温度数据

$t/℃$	室温	40	50	…	160
V_o/mV					

（3）由 $E(t,t_0) = E(t,t_0') + E(t_0',t) = V_o/A$ 计算得到 $E(t, t_0)$，再根据 $E(t, t_0)$ 的值从表实 30 - 2 可以查到相应的温度值，并与实验给定温度值对照计算误差。最后将调节器实验温度设置到 40℃，待温度源回复到 40℃左右后，关闭所有电源。

表实 30 - 2　E 型热电偶分度表

分度号：E　　　　　　　　　　　　　　　　　　　　（参考端温度为 0℃）

测量端温度/℃	0	1	2	3	4	5	6	7	8	9
	热电动势/mV									
0	0.000	0.059	0.118	0.176	0.235	0.295	0.354	0.413	0.472	0.532
10	0.591	0.651	0.711	0.770	0.830	0.890	0.950	1.011	1.071	1.131

测量端温度/℃	0	1	2	3	4	5	6	7	8	9
	热电动势/mV									
20	1.192	1.252	1.313	1.373	1.434	1.495	1.556	1.617	1.678	1.739
30	1.801	1.862	1.924	1.985	2.047	2.109	2.171	2.233	2.295	2.357
40	2.419	2.482	2.544	2.607	2.669	2.732	2.795	2.858	2.921	2.984
50	3.047	3.110	3.173	3.237	3.300	3.364	3.428	3.491	3.555	3.619
60	3.683	3.748	3.812	3.876	3.941	4.005	4.070	4.134	4.199	4.264
70	4.329	4.394	4.459	4.524	4.590	4.655	4.720	4.786	4.852	4.917
80	4.983	5.047	5.115	5.181	5.247	5.314	5.380	5.446	5.513	5.579
90	5.646	5.713	5.780	5.846	5.913	5.981	6.048	6.115	6.182	6.250
100	6.317	6.385	6.452	6.520	6.588	6.656	6.724	6.792	6.860	6.928
110	6.996	7.064	7.133	7.201	7.270	7.339	7.407	7.476	7.545	7.614
120	7.683	7.752	7.821	7.890	7.960	8.029	8.099	8.168	8.238	8.307
130	8.377	8.447	8.517	8.587	8.657	8.827	83.797	8.867	8.938	9.008
140	9.078	9.149	9.220	9.290	9.361	9.432	9.503	9.573	9.614	9.715
150	9.787	9.858	9.929	10.000	10.072	10.143	10.215	10.286	10.358	10.429
160	10.501	10.578	10.645	10.717	10.789	10.861	10.933	11.005	11.077	11.151
170	11.222	11.294	11.367	11.439	11.512	11.585	11.657	11.730	11.805	11.876
180	11.949									

实验三十一　集成温度传感器温度特性实验

实验目的

了解常用集成温度传感器的基本原理、性能与应用。

基本原理

集成温度传感器将温敏晶体管与相应的辅助电路集成在同一芯片上，它能直接给出正比于绝对温度的理想线性输出，一般用于 –50～+120℃之间的温度测量。集成温度传感器有电流型和电压型两种。电流输出型集成温度传感器，在一定温度下，它相当于一个恒流源。因此它具有不易受接触电阻、引线电阻、电压噪声的干扰，具有很好的线性特性。本实验采用的是 AD590 电流型集成温度传感器，其输出电流与绝对温度（T）成正比，它的灵敏度为 $1\mu A/K$，所以只要串接一只取样电阻 $R(1K)$ 即可实现电流 $1\mu A$ 到电压 $1mV$ 的转换，组成最基本的绝对温度（T）测量电路（$1mV/K$）。AD590 工作电源为 DC +4～+30V，它具有良好的互换性和线性。图实 31 – 1 为 AD590 测温特性曲线实验原理图。

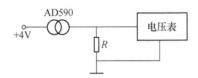

图实 31 – 1　集成温度传感器 AD590 测温度特性实验原理图

绝对温度（T）是国际实用温标也称绝对温标，用符号 T 表示，单位是 K(开尔文)。开氏温度和摄氏温度的分度值相同，即温度间隔 1K =1℃。绝对温度 T 与摄氏温度 t 的关系是：$T = 273.16 + t \approx 273 + t$，显然绝对零点即为 –273.16℃（$t \approx -273.16 + T$）。

需用器件与单元

（1）主机箱的智能调节器单元；

（2）电压表；

（3）转速调节 0～24V 电源；

（4）±2～±10V 直流稳压电源；

（5）温度源；

（6）Pt100 热电阻；

（7）集成温度传感器 AD590；

（8）温度传感器实验模板。

实验步骤

（1）测量室温值 t_0：将主机箱 ±2～±10V 直流稳压电源调节到 ±4V 挡，将电压表量程切换开关切到 2V 挡。按图实 31 –2 接线，集成温度传感器 AD590 放在桌上。检查接线无误后合上主机箱电源开关。记录电压表显示值 $V_i = 273.16 + t_0$，得 $t_0 \approx -273$。关闭电源。

（2）集成温度传感器 AD590 温度特性实验：

保留图实 31 - 2 的接线，将集成温度传感器 AD590 插入温度源中，温度源的控制按图实 31 - 3 示意接线。

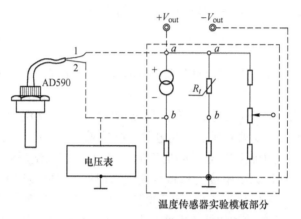

图实 31 - 2　AD590 室内环境温度测量接线示意图

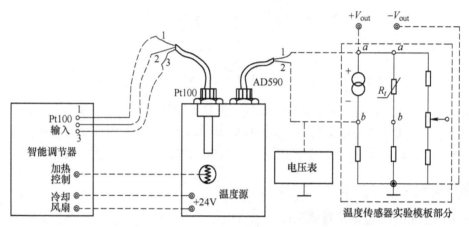

图实 31 - 3　AD590 测温性能实验接线示意图

（3）将主机箱上的转速调节旋钮顺时针转到底，将调节器控制对象开关拨到 R_t，V_i 位置。检查接线无误后合上主机箱的电压开关，再合上调节器电源开关和温度源电源开关，温度源在室温基础上，可按 $\Delta t = 5℃$ 增加温度并且小于等于 $100℃$ 范围内设定温度值，待温度源温度动态平衡时读取主机箱电压表的显示值并填入表实 31 - 1。

（4）根据表实 31 - 1 数据值作出实验曲线并计算其非线性误差。实验结束，关闭电源。

表实 31 - 1　AD590 温度特性实验数据

$t/℃$	t_0							...	100
V_o/mV									

实验三十二　气敏传感器实验

实验目的

了解气敏传感器的原理及特性。

基本原理

气敏传感器是指能将被测气体浓度转换为与其他成一定关系的电量输出的装置或器件。它一般可分为：半导体式、接触燃烧式、热导率变化式等。本实验采用的是 TP-3 集成半导体气敏传感器，该传感器的敏感元件由纳米级 SnO_2（氧化锡）及适当掺杂混合剂烧结而成，具微珠式结构，是对酒精敏感的电阻型气敏元件；当受到酒精气体作用时，它的电阻值发生变化，相应电路转换成电压输出信号，输出信号的大小与酒精浓度对应。传感器对酒精浓度的响应特性曲线、实物以及原理如图实 32-1 所示。

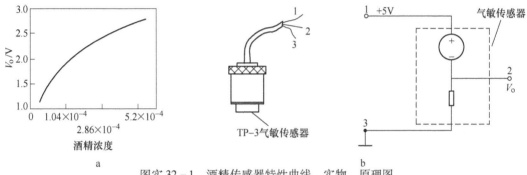

图实 32-1　酒精传感器特性曲线、实物、原理图

a—TP-3 酒精浓度-输出曲线；b—传感器实物、原理图

需用器件与单元

（1）主机箱电压表；

（2）+5V 直流稳压电源；

（3）气敏传感器；

（4）酒精棉球。

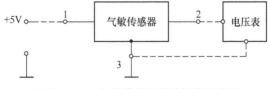

图实 32-2　气敏传感器实验接线示意图

实验步骤

（1）按图实 32-2 示意接线，注意传感器的引线号码。

（2）将电压表切换到 20V 挡位。检查接线无误后，合上主机箱电源开关，传感器通电较长时间后才能工作。

（3）等待传感器输出 V_o 较小（小于 1.5V）时，用自备的酒精小棉球靠近传感器端面，并吹两次气，使酒精挥发进入传感网内，观察电压表读数的变化，对照响应特性曲线得到酒精浓度。

（4）实验完毕，关闭电源。

实验三十三　湿敏传感器实验

实验目的

了解湿敏传感器的原理及特性。

基本原理

湿度是指空气中所含有的水蒸气量。空气的潮湿程度，一般多用相对湿度概念，即在一定温度下，空气中实际水蒸气压与饱和水蒸气压的比值（用百分比表示），称为相对湿度（用 RH 表示），其单位为 %RH。湿敏传感器种类较多，根据水分子易于吸附在固体表面渗透到固体内部的这种特性（称为水分子亲和力），湿敏传感器可以分为水分子亲和力型和非水分子亲和力型，本试验采用的是集成湿度传感器。该传感器的敏感元件采用的属水分子亲和力型中的高分子材料湿敏元件（湿敏电阻）。它的原理是将具有感湿功能的高分子聚合物（高分子膜）涂敷在带有导电电极的陶瓷衬底上，导电机理为水分子的存在影响高分子膜内部导电离子的迁移率，形成阻抗随相对湿度变化成对数变化的敏感元件。由于湿敏元件的阻抗随相对湿度变化成对数变化，一般应用时都经放大转换电路处理，将对数变化转换成相应的线性电压信号输出，以制成湿度传感器模块形式。湿敏传感器实物、原理框图如图实 33-1 所示。当传感器的工作电源为 +5V ±5% 时，湿度与传感器输出电压对应曲线如图实 33-2 所示。

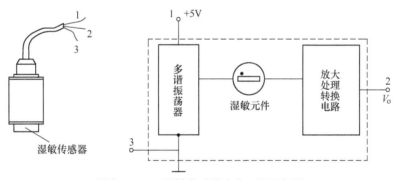

图实 33-1　湿敏传感器实物、原理框图

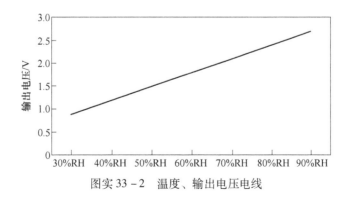

图实 33-2　温度、输出电压电线

需用器件与单元

(1) 主机箱电压表;

(2) +5V 直流稳压电源;

(3) 湿敏传感器;

(4) 湿敏座;

(5) 潮湿小棉球;

(6) 干燥剂。

实验步骤

(1) 按图实 33 - 3 示意接线 (湿敏座中不放任何东西),注意传感器的引线号码。

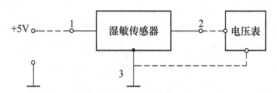

图实 33 - 3　湿敏传感器实验接线示意图

(2) 将电压表量程切换到 20V 挡,检查接线无误后,合上主机箱电源开关,传感器通电先预热 5min 以上,待电压表显示稳定后即为环境湿度所对应的电压值 (查湿度 - 输出电压曲线得到环境湿度)。

(3) 往湿敏座中加入若干量的干燥剂 (不放干燥剂为环境湿度),放上传感器,观察电压表显示值的变化。

(4) 倒出湿敏座中的干燥剂,加入潮湿小棉球,放上传感器,等到电压表显示值稳定后记录显示值,查湿度 - 输出电压曲线得到相应湿度值。试验完毕,关闭所有电源。

实验三十四　光源的照度标定实验

实验目的

了解发光二极管的工作原理；做出工作电流与光照度的对应关系及工作电压与光照度的对应关系曲线，为以后的实验提供光源照度所需要的输入电压或输入电流作依据。

基本原理

半导体发光二极管简称 LED。它是由半导体制成的，其核心是 PN 结。因此它具有一般二极管的正向导通和反向截止、击穿特性。此外，在一定的条件下，它还具有发光特性。其发光原理图如图实 34 - 1 所示，当加上正向激励电压或电流时，在外电场作用下，在 PN 结附近产生导带电子和价带空穴，电子由 N 区进入 P 区，空穴由 P 区进入 N 区，进入对方区域少数载流子（少子）一部分与多数载流子（多子）复合而发光。假设发光是在 P 区中发生的，那么注入的电子与价带空穴复合而发光，或者先被发光中心捕获后，再与空穴复合发光。除了这种发光复合外，还有些电子被非发光中心捕获，再与空穴复合，每次释放的能量不大，以热量的形式辐射出来。发光的复合量相当于非发光复合量的比例越大，光量子效率越高。由于复合是在少子扩散区内发光的，所以光仅在靠近 PN 结面数微米以内产生。发光二极管的发光颜色由制作二极管的半导体化合物决定。本实验使用纯白高亮发光二极管。

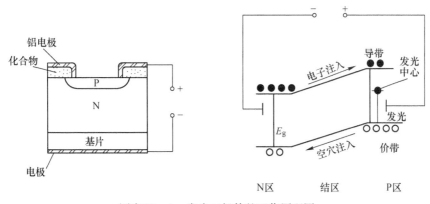

图实 34 - 1　发光二极管的工作原理图

需用器件与单元

（1）主机箱中的 0 ~ 20mA 可调恒流源；
（2）转速调节 0 ~ 24V 电源；
（3）电流表；
（4）电压表；
（5）照度表；
（6）照度计探头；

（7）发光二极管；

（8）遮光筒。

实验步骤

（1）按图实 34 - 2 配置接线，接线主意 + 、 - 极性。

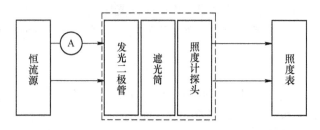

图实 34 - 2　发光二极管工作电流与照度对应关系实验接线示意图

（2）检查接线无误后，合上主机箱电源开关。

（3）调节主机箱中恒流源电流的大小，即是发光二极管的工作电流大小，就是可改变光源的光照度值。拔去发光二极管的其中一根连线头，则光照度为 0（如果恒流源的起始电流不为 0，要得到 0 光照度只要断开光源的一根线）。按表实 34 - 1 进行标定实验（调节恒流源），得到光照度 - 电流对应值。

（4）关闭主机箱电源，再按图实 34 - 3 配置接线，接线注意 + 、 - 极性。

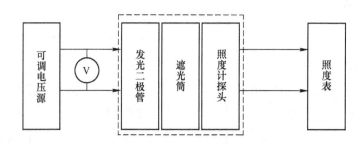

图实 34 - 3　发光二极管工作电压与照度对应关系实验接线示意图

（5）合上主机箱电源，调节主机箱的 0 ~ 24V 可调电压（电压表量程 20V 挡）就可改变光源（发光二极管）的光照度值。按表实 34 - 1 进行标定实验（调节电压源），得到光照度 - 电压对应值。

（6）根据表实 34 - 1 的数据做出发光二极管的电流 - 光照度、电压 - 光照度特性曲线。

表实 34 - 1　发光二极管的电流电压与光照度的对应关系

光照度	0	10	20	⋯	90	100	110	⋯	190	200	210	⋯	290	300
电流	0			⋯								⋯		
电压	0			⋯								⋯		

　　实验注意事项：由于发光二极管（光源）离散性比较大，每个发光二极管的电流－光照度对应值及电压－光照度对应值是不同的。实验者必须保存表实 34 – 1 的标定值，为以后做光电实验服务。如以后做实验提到光照度值，只要调节恒流源相应电流值或电压源相对应的电压值即可，省去烦琐的每次光源照度测量。实验者只能在相应的实验台（对应表的相应实验台）完成以后的光电实验。

实验三十五　　光敏电阻特性实验

实验目的

了解光敏电阻的光照特性和伏安特性。

基本原理

在光线的作用下，电子吸收光子的能量从键合状态过渡到自由状态，引起电导率的变化，这种现象称为光电导效应。光照越强，器件自身的电阻越小。基于这种效应的光电器件称为光敏电阻。光敏电阻无极性，其工作特性与入射光光强、波长和外加电压有关。实验原理图如图实35 – 1 所示。

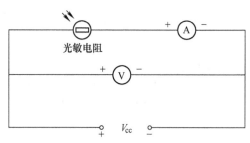

图实 35 – 1　光敏电阻实验原理图

需用器件与单元

（1）主机箱中的转速调节 0 ~ 24V 电源；

（2）±2 ~ ±10V 可调直流稳压电源；

（3）电流表；

（4）电压表；

（5）光电器件实验（一）模板；

（6）光敏电阻；

（7）发光二极管；

（8）遮光筒。

实验步骤

（1）亮电阻和暗电阻测量。

1）按图实 35 – 2 安装接线（注意插孔颜色对应相连）。打开主机箱电源，将 ± 20 ~ ±10V 的可调电源开关打到 10V 挡，再缓慢调节 0 ~ 24V 可调电源，使发光二极管二端电压为光照度 100lx 时对应的电压（实验三十四的标定值）值。

2）10s 左右读取电流表（可选择电流表合适的挡位）的值为亮电流 $I_{亮}$。

3）将 0 ~ 24V 可调电源的调节旋钮逆时针方向旋转到底后，10s 左右读取电流表（20μA 挡）的值为暗电流 $I_{暗}$。

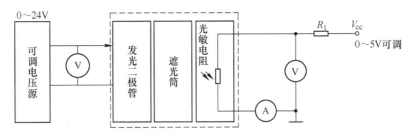

图实 35 – 2　光敏电阻特性实验接线示意图

4）根据以下公式，计算亮阻和暗阻（光照度为 100lx）：

$$R_亮 = U_测 / I_亮; \quad R_暗 = U_测 / I_暗$$

（2）光照特性的测量。光敏电阻的两端电压为定值时，光敏电阻的光电流随光照强度的变化而变化，它们之间的关系是非线性的。调节图实 35 – 2 中的 0 ~ 24V 电压为表实 35 – 1 中光照度所对应的电压值（根据实验三十四标定的光照度对应的电压值）。测得数据填入表实 35 – 1，并做出图实 35 – 3 光电流与光照度 $I - E$ 曲线图。

表实 35 –1　光照特性实验数据

光照度 E/lx	0	10	20	30	40	50	60	70	80	90	100
光电流/mA											

（3）伏安特性测量。

光敏电阻在一定的光照强度下，光电流随外加电压的变化而变化，测量时，在给定光照度（如 100lx）下，光敏电阻输入 0V、2 ~ 10V 五挡可调电压（调节图实 35 – 2 中的 ±2 ~ ±10V 电压），测得光敏电阻上的电流值填入表实 35 – 2，并在同一坐标图实 35 – 4 中做出不同光照度下的三条伏安特性曲线。

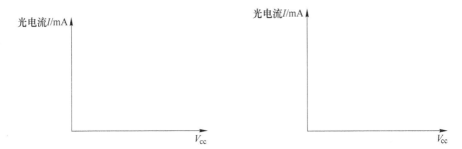

图实 35 – 3　光敏电阻光照特性曲线　　　　图实 35 – 4　光敏电阻伏安特性曲线

表实 35 – 2　光敏电阻伏安特性实验数据

	电压/V	0	2	4	6	8	10
电流/mA	光照度为 10lx						
	光照度为 50lx						
	光照度为 100lx						

（4）实验注意事项。测光敏电阻亮阻和暗阻要经过 10s 后读数。

实验三十六 光敏二极管的特性实验

实验目的

了解光敏二极管的工作原理及特性。

基本原理

当入射光子在本征半导体的 PN 结及其附近产生电子 - 空穴对时,光生载流子受势垒区电场作用,电子漂移到 N 区,空穴漂移到 P 区。电子和空穴分别在 N 区和 P 区积累,两端便产生电动势,这种称为光生伏特效应,简称光伏效应。光敏二极管正是基于这一原理。如果在外电路中把 P - N 短接,就产生反向短路电流,光照时反向电流会增加,并且光电流和光照度基本呈线性关系。

需用器件与单元

(1) 主机箱中的转速调节 0 ~ 24V 电源;
(2) ±2 ~ ±10V 步进可调直流稳压电源;
(3) 电流表;
(4) 电压表;
(5) 光电器件实验模板;
(6) 光敏电阻;
(7) 发光二极管;
(8) 遮光筒。

实验步骤

(1) 光照特性。将图实 35 - 2 中的光敏电阻更换成光敏二极管(注意接线的颜色相对应即 + 、 - 极性),按图实 35 - 2 安装接线,测量发光二极管的暗电流和亮电流。

暗电流的测试:将图实 35 - 2 中主机箱的 ±2 ~ ±24V 可调电源开关打到 6V 挡,合上主机箱电源,将 0 ~ 24V 可调稳压电源的调节旋钮逆时针方向缓慢旋到底,读取主机箱上电流表(20μA)的值即为光敏二极管的暗电流。暗电流基本为 0μA,一般光敏二极管小于 0.1μA,暗电流越小越好。

亮电流测试:参考实验三十四的标定值,顺时针方向缓慢调节 0 ~ 24V 电源使得光照度为表实 36 - 1 对应的电压值,将光电流的测量(根据光电流的大小切换合适的电流表量程挡)数据填入表实 36 - 1。根据表实 36 - 1 的数据,做出图实 36 - 1 光敏二极管工作电压为 6V 时的 $I - E$ 特性曲线。

表实 36 - 1 二极管光照特性实验数据

光照度/lx	0	10	20	30	40	50	60	70	80	90	100
光电流/μA											

（2）伏安特性测量。光敏二极管在一定的光照度下，光电流随外加电压的变化而变化，测量时，在给定光照度（实验三十五标定的光照度对应的电压值）时，光敏二极管输入 0V、2～10V 五挡可调电压（调节图实 36 - 2 中的 ±2～±10V 电压），测得光敏二极管上的电流值填入表实 36 - 2，并在同一坐标图实 36 - 2 中做出不同光照度的伏安特性曲线族。

表实 36 - 2　光敏二极管的伏安特性曲线实验数据

电压（V）		0	2	4	6	8	10
电流/μA	光照度为 0lx						
	光照度为 10lx						
	…						
	光照度为 50lx						
	…						
	光照度为 100lx						

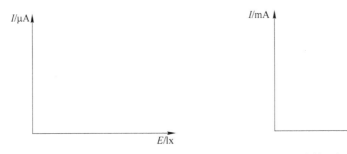

图实 36 - 1　光敏二极管光照特性曲线　　　　图实 36 - 2　光敏二极管伏安特性曲线

实验三十七　光敏三极管特性实验

实验目的

了解光敏三极管的结构、原理和特性。

基本原理

在光敏二极管的基础上，为了获得内增益，就利用晶体三极管的电流放大作用，用 Ge 或 Si 单晶体制造 NPN 或 PNP 型光敏三极管，其结构使用电路及等效电路如图实 37 – 1 所示。光敏三极管可以等效为一个光电二极管与另一个一般晶体管基极集电极并联：集电极 – 基极产生的电流，输入共发三极管的基极再放大。不同之处是，集电极电流（光电流）由集电结上产生的 i_ϕ 控制。集电极起双重作用；把光信号变成电信号起光电二极管作用；使光电流再放大起一般三极管的集电结作用。一般光敏三极管只引出 E、C 两个电极，体积小，光电特性是非线性的，广泛应用光电自动控制做光电开关。

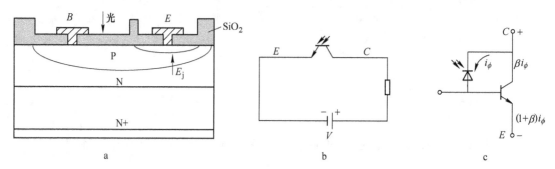

图实 37 – 1　光敏三极管结构及等效电路

a—光敏三极管结构；b—使用电路；c—等效电路

需用器件与单元

（1）主机箱中的转速调节 0 ~ 24V 电源；

（2）±2 ~ ±10V 步进可调直流稳压电源；

（3）电流表；

（4）电压表；

（5）光电器件实验模板；

（6）光敏电阻；

（7）发光二极管；

（8）遮光筒。

实验步骤

将图 35 – 2 中的光敏电阻更换成光敏三极管，实验步骤和实验方法与实验三十六完全相同，按照实验三十六进行实验。

实验三十八　硅光电池特性实验

实验目的

了解光电池的光照、光谱特性、熟悉其应用。

基本原理

光电池是根据光生伏特效应制成的，不需要加偏压就能把光能转换成电能的 PN 结的光电器件。当光照射到光电池 PN 结上时，便在 PN 结两端产生电动势。这种现象叫"光生伏特效应"，将光能转换为电能。该效应与材料、光的强度、波长等有关。

需用器件与单元

（1）主机箱中的 0～20mA 可调恒流源；

（2）转速调节 0～24V 电源；

（3）电流表；

（4）电压表；

（5）光敏电阻；

（6）发光二极管；

（7）遮光筒；

（8）硅光电池；

（9）光电器件实验（一）模板。

实验步骤

（1）光照特性（开路电压、短路电流）。

（2）光电池在不同的光照度下，产生不同的光电流和光生电动势。它们之间的关系就是光照特性。实验时，为了得到光电池的开路电压 V_{oc} 和短路电流 I_s，不要同时接入电压表和电流表，要错时接入电路来测量数据。

1）光电池的开路电压（V_{oc}）实验：按图实 38 - 1 安装接线，发光二极管的输入电流根据实验四十光照度对应的电流值（如表实 38 - 1 的照度值），读取电压表的测量值填入表实 38 - 1 中。

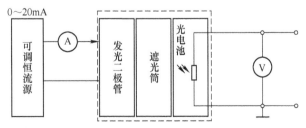

图实 38 - 1　光电池的开路电压（V_{oc}）实验接线示意图

表实 38 – 1　光电池的开路电压实验数据

光照度/lx	0	10	⋯	90	100
开路电压/mV					

2）光电池的短路电流（I_s）实验：按图实 38 – 2 安装接线（注意接线的颜色相对应，即 +、-极性相对应），发光二极管的输入电压根据实验三十四光照度对应的电压值确定（如表实 38 – 2 的照度值），读取电流表 I_s 的测量值填入表实 38 – 2 中。

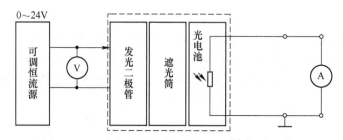

图实 38 – 2　光电池的短路电流（I_s）实验接线示意图

表实 38 – 2　光电池的短路电流实验数据

光照度/lx	0	10	⋯	90	100
短路电流/mA					

根据表实 38 – 1、表实 38 – 2 的实验数据作如图实 38 – 3 所示的特性曲线图。

图实 38 – 3　光电池开路电压短路电流特性曲线图

实验注意事项

注意接线的颜色相对应，即 +、-极性相对应。

实验三十九　透射式光电开关实验

实验目的

了解透射式光电开关组成原理及应用。

基本原理

光电开关可以由一个发射管和一个接受管组成（光耦、光电续器）。当发射管和接受管之间无遮挡时，接收管有光电流产生，一旦此光路中有物体阻挡时光电流中断，利用这种特性可制成光电开关，用于工业零件计数、控制等。

需用器件与单元

（1）主机箱中的 ±2 ~ ±10V 可调直流稳压电源；

（2）光电器件实验模板（一）；

（3）光电二极管（红外发射二极管）；

（4）光敏三极管（或光敏二极管）。

实验步骤

（1）将主机箱中的 ±2 ~ ±10V 可调直流稳压电源调节到 ±10V 挡，按图实 39 - 1 示意安装接线，注意接线孔颜色（极性）相对应。

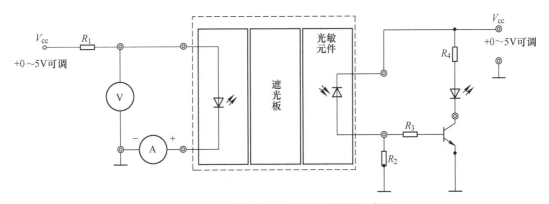

图实 39 - 1　透射式光电开关实验接线示意图

（2）开启主机箱电源，观察遮挡与不遮挡光路时模板上指示发光二极管的亮暗变化情况，由此形成了开关功能。

实验四十　反射式红外光电接近开关实验

实验目的

了解反射式红外光电接近开关组成原理及应用。

基本原理

反射式红外光电接近开关由一个红外光发射管和一个接收管组装成一体。当发射管发射的红外光被接近物反射到接收管时，接收管有光电流产生；一旦接近物离开时，接收管接受不到红外光而电流中断，利用这种特性可制成光电开关，用来计数、控制等。

需用器件与单元

（1）主机箱中的 ±2 ~ ±10V 可调直流稳压电源；
（2）光电开关实验模块；
（3）反射光耦（光电接近开关）。

实验步骤

（1）将主机箱中的 ±2 ~ ±10V 可调直流稳压电源调节到 ±10V 挡，按图实 40 - 1 示意安装接线，注意接线孔颜色（极性）相对应。

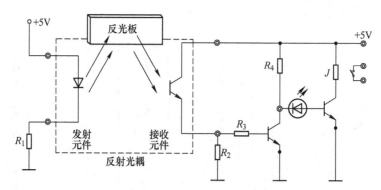

图实 40 - 1　反射式光电开关实验接线示意图

（2）开启主机箱电源，接近物接近与远离时，模板上指示发光二极管的亮暗发生变化，由此形成了开关功能。

实验四十一　单容自衡水箱液位特性测试实验

实验目的

（1）掌握单容水箱的阶跃响应测试方法，并记录相应液位的响应曲线。

（2）根据实验得到的液位阶跃响应曲线，用相应的方法确定被测对象的特征参数 K、T 和传递函数。

（3）掌握同一控制系统采用不同控制方案的实现过程。

基本原理

所谓单容指只有一个储蓄容器。自衡是指对象在扰动作用下，其平衡位置被破坏后，不需要操作人员或仪表等干预，依靠其自身重新恢复平衡的过程。图实 41-1 所示为单容自衡水箱特性测试结构图及方框图。阀门 F1-1、F1-2 和 F1-8 全开，设下水箱流入量为 Q_1，改变电动调节阀 V_1 的开度可以改变 Q_1 的大小，下水箱的流出量为 Q_2，改变出水阀 F1-11 的开度可以改变 Q_2。液位 h 的变化反映了 Q_1 与 Q_2 不等而引起水箱中蓄水或泄水的过程。若将 Q_1 作为被控过程的输入变量，h 为其输出变量，则该被控过程的数学模型就是 h 与 Q_1 之间的数学表达式。

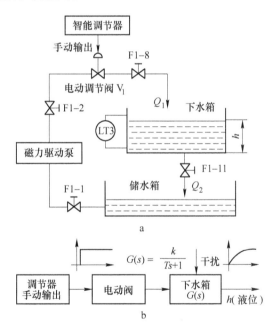

图实 41-1　单容自衡水箱特性测试系统

a—结构图；b—方框图

根据动态物料平衡关系有：

$$Q_1 - Q_2 = A\frac{\mathrm{d}h}{\mathrm{d}t} \tag{41-1}$$

将式 (41 -1) 表示为增量形式

$$\Delta Q_1 - \Delta Q_2 = A \frac{\mathrm{d}\Delta h}{\mathrm{d}t} \qquad (41 - 2)$$

式中，ΔQ_1、ΔQ_2、Δh 分别为偏离某一平衡状态的增量；A 为水箱截面积。

在平衡时，$Q_1 = Q_2$，$\frac{\mathrm{d}h}{\mathrm{d}t} = 0$；当 Q_1 发生变化时，液位 h 随之变化，水箱出口处的静压也随之变化，Q_2 也发生变化。由流体力学可知，流体在紊流情况下，液位 h 与流量之间为非线性关系。但为了简化起见，经线性化处理后，可近似认为 Q_2 与 h 成正比关系，而与阀 F1 - 11 的阻力 R 成反比，即：

$$\Delta Q_2 = \frac{\Delta h}{R} \text{ 或 } R = \frac{\Delta h}{\Delta Q_2} \qquad (41 - 3)$$

式中，R 为阀 F1 - 11 的阻力，称为液阻。将式 (41 - 2)、式 (41 - 3) 经拉氏变换并消去中间变量 Q_2，即可得到单容水箱的数学模型为：

$$W_0(s) = \frac{H(s)}{Q_1(s)} = \frac{R}{RCs + 1} = \frac{K}{Ts + 1} \qquad (41 - 4)$$

式中，T 为水箱的时间常数，$T = RC$；K 为放大系数，$K = R$；C 为水箱的容量系数。若令 $Q_1(s)$ 作阶跃扰动，即 $Q_1(s) = \frac{x_0}{s}$，$x_0 = $ 常数，则式 (41 - 4) 可改写为：

$$H(s) = \frac{K/T}{s + \frac{1}{T}} \times \frac{x_0}{s} = K\frac{x_0}{s} - \frac{Kx_0}{s + \frac{1}{T}}$$

对上式取拉氏反变换得：

$$h(t) = Kx_0(1 - \mathrm{e}^{-t/T}) \qquad (41 - 5)$$

当 $t \to \infty$ 时，$h(\infty) - h(0) = Kx_0$，因而有：

$$K = \frac{h(\infty) - h(0)}{x_0} = \frac{输出稳态值}{阶跃输入} \qquad (41 - 6)$$

当 $t = T$ 时，则有：

$$h(T) = Kx_0(1 - \mathrm{e}^{-1}) = 0.632Kx_0 = 0.632h(\infty) \qquad (41 - 7)$$

式 (41 - 5) 表示一阶惯性环节的响应曲线是一单调上升的指数函数，如图实 41 - 2a 所示，该曲线上升到稳态值的 63% 所对应的时间，就是水箱的时间常数 T。也可由坐标原点对响应曲线做切线 OA，切线与稳态值交点 A 所对应的时间就是该时间常数 T，由响应曲线求得 K 和 T 后，就能求得单容水箱的传递函数。

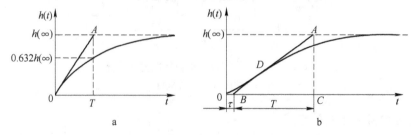

图实 41 - 2　单容水箱的阶跃响应曲线

如果对象具有滞后特性，其阶跃响应曲线则为图实 41 - 2b，在此曲线的拐点 D 处做一切线，它与时间轴交于 B 点，与响应稳态值的渐近线交于 A 点。图中 OB 即为对象的滞后时间 τ，BC 为对象的时间常数 T，所得的传递函数为：

$$H(S) = \frac{Ke^{-\tau s}}{1 + Ts} \qquad (41 - 8)$$

需用器件与单元

（1）实验对象及控制屏、SA - 11 挂件一个、SA - 13 挂件一个、SA - 14 挂件一个、计算机一台、万用表一个；

（2）SA - 12 挂件一个、RS485/232 转换器一个、通讯线一根；

（3）SA - 21 挂件一个、SA - 22 挂件一个、SA - 23 挂件一个；

（4）SA - 31 挂件一个、SA - 32 挂件一个、SA - 33 挂件一个、主控单元一个、数据交换器一个、网线两根；

（5）SA - 41 挂件一个、CP5611 专用网卡一个、MPI 编程电缆一根；

（6）SA - 44 挂件一个、PC/PPI 通讯电缆一根。

实验步骤

本实验选择下水箱作为被测对象（也可选择上水箱或中水箱）。实验之前先将储水箱中贮足水量，然后将阀门 F1 - 1、F1 - 2 和 F1 - 8 全开，将下水箱出水阀门 F1 - 11 开至适当开度（30% ~ 80%），其余阀门均关闭。

具体实验内容与步骤按五种方案分别叙述，这五种方案的实验与用户所购的硬件设备有关，可根据实验需要选做或全做。

（1）智能仪表控制：

1）将"SA - 12 智能调节仪控制"挂件挂到屏上，并将挂件的通讯线插头插入屏内 RS485 通讯口上，将控制屏右侧 RS485 通讯线通过 RS485/232 转换器连接到计算机串口 1，并按照图实 41 - 3 的控制屏接线图连接实验系统。将"LT3 下水箱液位"按钮开关拨到"ON"的位置。

2）接通总电源空气开关和钥匙开关，打开 24V 开关电源，给压力变送器上电，按下启动按钮，合上单相Ⅰ、单相Ⅲ空气开关，给电动调节阀及智能仪表上电。

3）打开上位机 MCGS 组态环境，打开"智能仪表控制系统"工程，然后进入 MCGS 运行环境，在主菜单中点击"实验一、单容自衡水箱对象特性测试"，进入"实验一"的监控界面。

4）通过调节仪将输出值设置为一个合适的值（50% ~ 70%）。

5）合上三相电源空气开关，磁力驱动泵上电打水，适当增加/减少智能仪表的输出量，使下水箱的液位处于某一平衡位置，记录此时的仪表输出值和液位值。

6）待下水箱液位平衡后，突增（或突减）智能仪表输出量的大小，使其输出有一个正（或负）阶跃增量的变化（即阶跃干扰，此增量不宜过大，以免水箱中水溢出），于是水箱的液位便离开原平衡状态，经过一段时间后，水箱液位进入新的平衡状态，记录此时的仪表输出值和液位测量值，液位的响应过程曲线将如图实 41 - 4 所示。

333

送器上电,按下启动按钮,合上单相I空气开关,给电动调节阀上电。

3）打开上位机 MCGS 组态环境,打开"远程数据采集控制系统"工程,然后进入 MCGS 运行环境,在主菜单中点击"实验一、单容自衡水箱对象特性测试",进入"实验一"的监控界面。

4）以下步骤请参考前面"(1)智能仪表控制"的步骤4) ~7)。

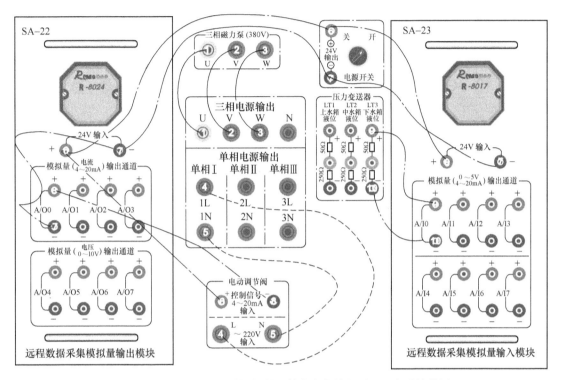

图实41 – 5　远程数据采集控制"单容水箱特性测试"实验接线图

（3）DCS 分布式控制:

1）按照第一部分第3章图3 – 5用网线和交换机连接电脑（IP 设为128. 0. 0. 1,虚拟 IP 设为128. 0. 0. 50）和主控单元,将"SA – 31FM148 现场总线远程 I/O 模块""SA – 33FM151 现场总线远程 I/O 模块"挂件挂到屏上,并将挂件的通讯线接头插入屏内 Profibus – DP 总线接口上,将控制屏左侧 Profibus – DP 总线连接到主控单元 DP 口,并按照图实41 – 6的控制屏接线图连接实验系统。将"LT3 下水箱液位"按钮开关拨到"ON"的位置。

2）接通总电源空气开关和钥匙开关,打开 24V 开关电源,给现场总线 I/O 模块及压力变送器上电,打开主控单元电源。启动服务器,在工程师站的组态中选择"单回路控制系统"工程进行编译下装,然后重启服务器。

3）启动操作员站,打开主菜单,点击"实验一、单容自衡水箱对象特性测试",进入"实验一"的监控界面。在流程图的液位测量值上点击鼠标左键,弹出 PID 窗口,将 PID 设为手动控制,并调节其输出为一适当的值（50% ~70%）。

4）按下启动按钮,合上单相I空气开关,给电动调节阀上电。

5）以下步骤请参考前面"(1)智能仪表控制"的步骤5) ~7)。

（4）S7 – 200PLC 控制:

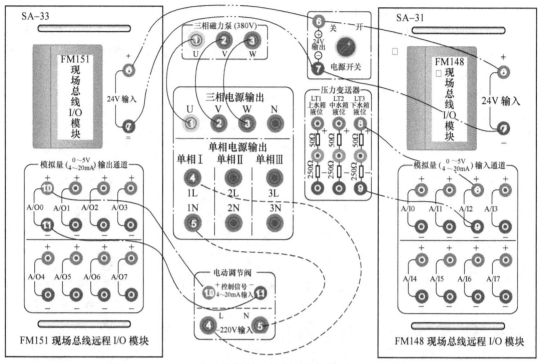

图实 41 - 6　DCS 分布式控制"单容水箱特性测试"实验接线图

1）将"SA - 44 S7 - 200PLC 控制"挂件挂到屏上，并用 PC/PPI 通讯电缆线将 S7 -
200PLC 的通讯串口连接到计算机串口 1，并按照图实 41 - 7 的控制屏接线图连接实验系
统。将"LT3 下水箱液位"钮子开关拨到"ON"的位置。

2）接通总电源空气开关和钥匙开关，打开 24V 开关电源，给压力变送器上电，按下
启动按钮，合上单相Ⅰ、Ⅲ空气开关，给电动调节阀及 S7 - 200PLC 上电。

3）打开 Step7 - Micro/WIN 软件，并打开"S7 - 200PLC"程序进行下载，将 S7 -
200PLC 置于运行状态，然后运行 MCGS 组态环境，打开"S7 - 200PLC 控制系统"工程，
然后进入 MCGS 运行环境，在主菜单中点击"实验一、单容自衡水箱对象特性测试"，进
入"实验一"的监控界面。

4）以下步骤请参考前面"（1）智能仪表控制"的步骤 4）～7）。

（5）S7 - 300PLC 控制：

1）将"SA - 41S7 - 300PLC 控制"挂件挂到屏上，并用 MPI 通讯电缆线将 S7 -
300PLC 的 MPI 通讯口连接到计算机 CP5611 专用网卡，并按照图实 41 - 8 的控制屏接线图
连接实验系统。将"LT3 下水箱液位"按钮开关拨到"ON"的位置。

2）接通总电源空气开关和钥匙开关，打开 24V 开关电源，给 S7 - 300PLC 及压力变
送器上电，按下启动按钮，合上单相Ⅰ空气开关，给电动调节阀上电。

3）打开 Step7 软件，打开"S7 - 300PLC"程序进行下载，然后将 S7 - 300PLC 置于
运行状态，然后运行 WinCC 组态软件，打开"S7 - 300PLC 控制系统"工程，然后激活
WinCC 运行环境，在主菜单中点击"实验一、单容自衡水箱对象特性测试"，进入"实验
一"的监控界面。

4）以下步骤请参考前面"（1）智能仪表控制"的步骤 4）～7）。

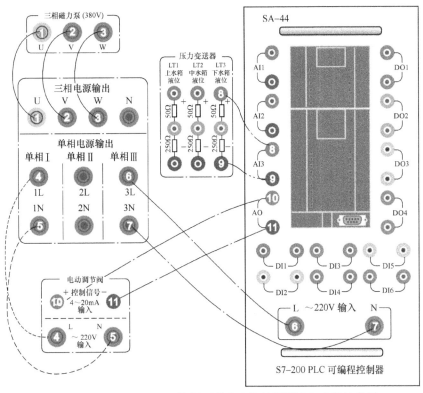

图实 41 - 7 S7 - 200PLC 控制"单容水箱特性测试"实验接线图

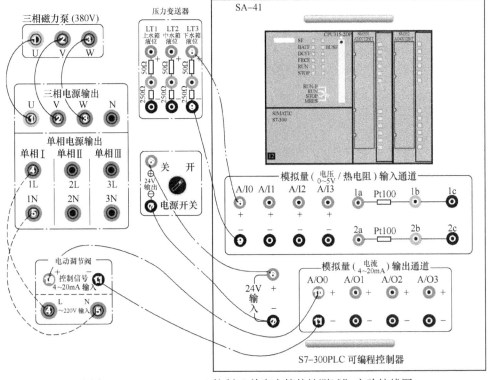

图实 41 - 8 S7 - 300PLC 控制"单容水箱特性测试"实验接线图

实验报告要求

（1）画出"单容水箱液位特性测试"实验的结构框图。

（2）根据实验得到的数据及曲线，分析并计算出单容水箱液位对象的参数及传递函数。

思考题

（1）做本实验时，为什么不能任意改变出水阀 F1 – 11 开度的大小？

（2）用响应曲线法确定对象的数学模型时，其精度与哪些因素有关？

（3）如果采用中水箱做实验，其响应曲线与下水箱的曲线有什么异同？并分析差异原因。

实验四十二　单容液位定值控制系统

实验目的

（1）了解单容液位定值控制系统的结构与组成。

（2）掌握单容液位定值控制系统调节器参数的整定和投运方法。

（3）研究调节器相关参数的变化对系统静、动态性能的影响。

（4）了解 P、PI、PD 和 PID 四种调节器分别对液位控制的作用。

（5）掌握同一控制系统采用不同控制方案的实现过程。

基本原理

本实验系统的结构图和方框图如图实 42 - 1 所示。被控量为中水箱（也可采用上水箱或下水箱）的液位高度，实验要求中水箱的液位稳定在给定值。将压力传感器 LT2 检测到的中水箱液位信号作为反馈信号，在与给定量比较后的差值通过调节器控制电动调节阀的开度，以达到控制中水箱液位的目的。为了实现系统在阶跃给定和阶跃扰动作用下的无静差控制，系统的调节器应为 PI 或 PID 控制。

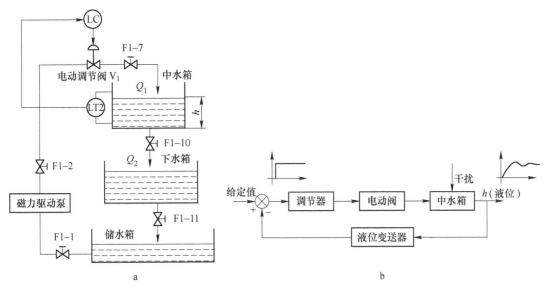

图实 42 - 1　实验系统的结构图（a）和方框图（b）

需用器件与单元

（1）实验对象及控制屏、SA - 11 挂件一个、SA - 13 挂件一个、SA - 14 挂件一个、计算机一台、万用表一个；

（2）SA - 12 挂件一个、RS485/232 转换器一个、通讯线一根；

（3）SA - 21 挂件一个、SA - 22 挂件一个、SA - 23 挂件一个；

（4）SA - 31 挂件一个、SA - 32 挂件一个、SA - 33 挂件一个、主控单元一个、数据交换器一个、网线两根；

　　（5）SA－41挂件一个、CP5611专用网卡一个、MPI编程电缆一根；

　　（6）SA－44挂件一个、PC/PPI通讯电缆一根。

实验步骤

　　本实验选择中水箱作为被控对象。实验之前先将储水箱中贮足水量，然后将阀门F1－1、F1－2、F1－7和F1－11全开，将中水箱出水阀门F1－10开至适当开度（20% ~ 80%），其余阀门均关闭。

　　具体实验内容与步骤按五种方案分别叙述，这五种方案的实验与用户所购的硬件设备有关，可根据实验需要选做或全做。

　　（1）智能仪表控制：

　　1）将"SA－12智能调节仪控制"挂件挂到屏上，并将挂件的通讯线插头插入屏内RS485通讯口上，将控制屏右侧RS485通讯线通过RS485/232转换器连接到计算机串口1，并按照图实42－2的控制屏接线图连接实验系统。将"LT2中水箱液位"按钮开关拨到"ON"的位置。

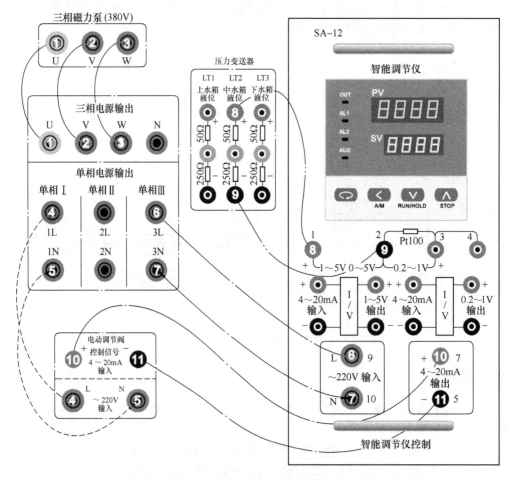

图实42－2　智能仪表控制"单容液位定值控制"实验接线图

2）接通总电源空气开关和钥匙开关，打开 24V 开关电源，给压力变送器上电，按下启动按钮，合上单相Ⅰ、单相Ⅲ空气开关，给电动调节阀及智能仪表上电。

3）打开上位机 MCGS 组态环境，打开"智能仪表控制系统"工程，然后进入 MCGS 运行环境，在主菜单中点击"实验三、单容液位定值控制系统"，进入"实验三"的监控界面。

4）在上位机监控界面中点击"启动仪表"。将智能仪表设置为"手动"，并将设定值和输出值设置为一个合适的值，此操作可通过调节仪表实现。

5）合上三相电源空气开关，磁力驱动泵上电打水，适当增加/减少智能仪表的输出量，使中水箱的液位平衡于设定值。

6）按工程参数整定的经验法或动态特性参数法整定调节器参数，选择 PI 控制规律，并按整定后的 PI 参数进行调节器参数设置。

7）待液位稳定于给定值后，将调节器切换到"自动"控制状态，待液位平衡后，通过以下几种方式加干扰：

①突增（或突减）仪表设定值的大小，使其有一个正（或负）阶跃增量的变化（此法推荐，后面三种仅供参考）；

②将电动调节阀的旁路 F1 - 4（同电磁阀）开至适当开度；

③将下水箱进水阀 F1 - 8 开至适当开度（改变负载）；

④接上变频器电源，并将变频器输出接至磁力泵，然后打开阀门 F2 - 1、F2 - 4，用变频器支路以较小频率给中水箱打水。

以上几种干扰均要求扰动量为控制量的 5% ~ 15%，干扰过大可能造成水箱中水溢出或系统不稳定。加入干扰后，水箱的液位便离开原平衡状态，经过一段调节时间后，水箱液位稳定至新的设定值（采用后面三种干扰方法仍稳定在原设定值），记录此时的智能仪表的设定值、输出值和仪表参数，液位的响应过程曲线将如图实 42 - 3 所示。

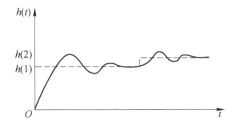

图实 42 - 3　单容水箱液位的阶跃响应曲线

8）分别适量改变调节仪的 P 及 I 参数，重复步骤 7），用计算机记录不同参数时系统的阶跃响应曲线。

9）分别用 P、PD、PID 三种控制规律重复步骤 4）~ 8），用计算机记录不同控制规律下系统的阶跃响应曲线。

（2）远程数据采集控制：

1）将"SA - 22 远程数据采集模拟量输出模块""SA - 23 远程数据采集模拟量输入模块"挂件挂到屏上，并将挂件上的通讯线插头插入屏内 RS485 通讯口上，将控制屏右侧 RS485 通讯线通过 RS485/232 转换器连接到计算机串口 1，并按照图实 42 - 4 的控制屏接线图连接实验系统。将"LT2 中水箱液位"按钮开关拨到"ON"的位置。

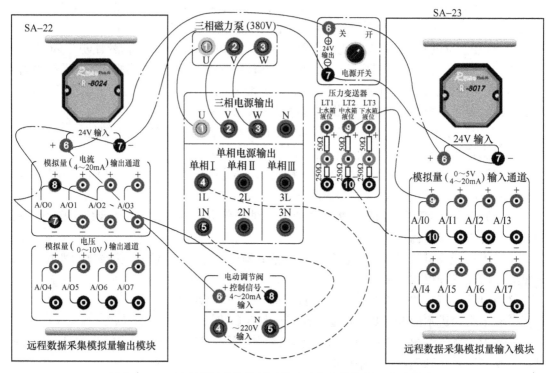

图实42-4　远程数据采集控制"单容液位定值控制"实验接线图

2）接通总电源空气开关和钥匙开关，打开24V开关电源，给智能采集模块及压力变送器上电，按下启动按钮，合上单相Ⅰ空气开关，给电动调节阀上电。

3）打开上位机MCGS组态环境，打开"远程数据采集系统"工程，然后进入MCGS运行环境，在主菜单中点击"实验三、单容液位定值控制"，进入"实验三"的监控界面。

4）以下步骤请参考前面"（1）智能仪表控制"的步骤4）~9）。

（3）DCS分布式控制：

1）按照第一部分第3章图实3-5用网线和交换机连接电脑（IP设为128.0.0.1，虚拟IP设为128.0.0.50）和主控单元，将"SA-31FM148现场总线远程I/O模块""SA-33FM151现场总线远程I/O模块"挂件挂到屏上，并将挂件的通讯线插头插入屏内Profibus-DP总线接口上，将控制屏左侧Profibus-DP总线连接到主控单元DP口，并按照图实42-5的控制屏接线图连接实验系统。将"LT2中水箱液位"按钮开关拨到"ON"的位置。

2）接通总电源空气开关和钥匙开关，打开24V开关电源，给现场总线I/O模块及压力变送器上电，打开主控单元电源。启动服务器程序，在工程师站的组态中选择"单回路控制系统"工程进行编译下装，再重启服务器程序。

3）启动操作员站，打开主菜单，点击"实验三、单容液位定值控制"，进入"实验三"的监控界面。在流程图的液位测量值上点击左键，弹出PID窗口，可进行相关参数的设置。

4）按下启动按钮，合上单相Ⅰ空气开关，给电动调节阀上电。

5）以下步骤请参考前面"（1）智能仪表控制"的步骤5）~9）。

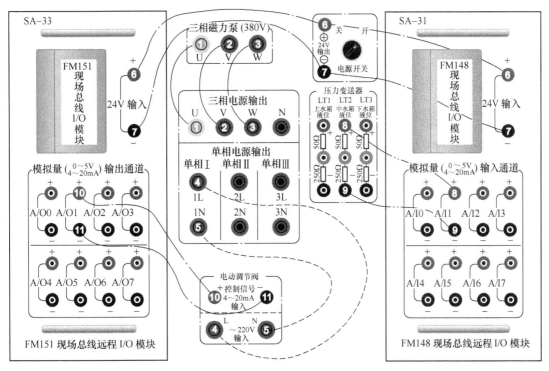

图实 42 - 5　DCS 分布式控制"单容液位定值控制"实验接线图

（4）S7 - 200PLC 控制：

1）将 SA - 44S7 - 200PLC 控制挂件挂到屏上，并用 PC/PPI 通讯电缆线将 S7 - 200PLC 连接到计算机串口 1，并按照图实 42 - 6 的控制屏接线图连接实验系统。将"LT2 中水箱液位"按钮开关拨到"ON"的位置。

2）接通总电源空气开关和钥匙开关，打开 24V 开关电源，给压力变送器上电，按下启动按钮，合上单相 Ⅰ、Ⅲ 空气开关，给电动调节阀及 S7 - 200PLC 上电。

3）打开 Step7 - Micro/WIN 软件，并打开"S7 - 200PLC"程序进行下载，然后将 S7 - 200PLC 置于运行状态，然后运行 MCGS 组态环境，打开"S7 - 200PLC 控制系统"工程，然后进入 MCGS 运行环境，在主菜单中点击"实验三、单容液位定值控制"，进入"实验三"的监控界面。

4）以下步骤请参考前面"（1）智能仪表控制"的步骤 4）~9）。

（5）S7 - 300PLC 控制：

1）将挂件 SA - 41S7 - 300PLC 控制挂件挂到屏上，并用 MPI 通讯电缆线将 S7 - 300PLCMPI 通讯口连接到计算机 CP5611 专用网卡，并按照图实 42 - 7 的控制屏接线图连接实验系统。将"LT2 中水箱液位"按钮开关拨到"ON"的位置。

2）接通总电源空气开关和钥匙开关，打开 24V 开关电源，给 S7 - 300PLC 及压力变送器上电，按下启动按钮，合上单相 Ⅰ 空气开关，给电动调节阀上电。

3）打开 Step7 软件，打开"S7 - 300PLC"程序进行下载，然后将 S7 - 300PLC 置于运行状态，然后运行 WinCC 组态软件，打开"S7 - 300PLC 控制系统"工程，然后激活 WinCC 运行环境，在主菜单中点击"实验三、单容液位定值控制"，进入"实验三"的监控界面。

4）以下步骤请参考前面"（1）智能仪表控制"的步骤 4）~9）。

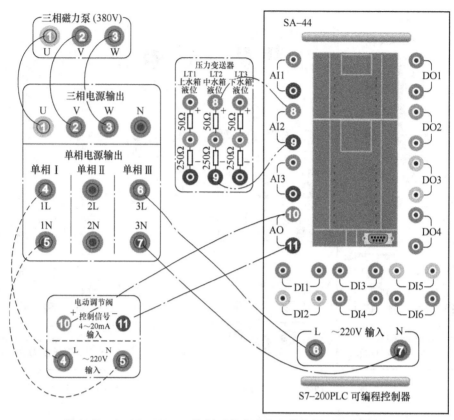

图实 42 - 6　S7 - 200PLC 控制"单容液位定值控制"实验接线图

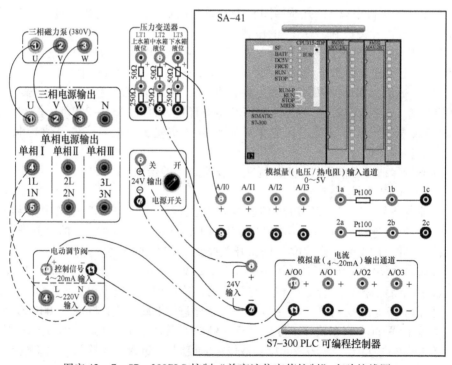

图实 42 - 7　S7 - 300PLC 控制"单容液位定值控制"实验接线图

实验报告要求

（1）画出单容水箱液位定值控制实验的结构框图。

（2）用实验方法确定调节器的相关参数，写出整定过程。

（3）根据实验数据和曲线，分析系统在阶跃扰动作用下的静、动态性能。

（4）比较不同 PID 参数对系统的性能产生的影响。

（5）分析 P、PI、PD、PID 四种控制规律对本实验系统的作用。

（6）综合分析五种控制方案的实验效果。

思考题

（1）如果采用下水箱做实验，其响应曲线与中水箱的曲线有什么异同？并分析差异原因。

（2）改变比例度 δ 和积分时间 T_{I} 对系统的性能产生什么影响？

实验四十三　双容水箱液位定值控制系统

实验目的

（1）通过实验进一步了解双容水箱液位的特性。
（2）掌握双容水箱液位控制系统调节器参数的整定与投运方法。
（3）研究调节器相关参数的改变对系统动态性能的影响。
（4）研究 P、PI、PD 和 PID 四种调节器分别对液位系统的控制作用。
（5）掌握双容液位定值控制系统采用不同控制方案的实现过程。

基本原理

本实验以中水箱与下水箱串联作为被控对象，下水箱的液位为系统的被控制量。要求下水箱液位测量值稳定至给定值，将压力传感器 LT3 检测到的下水箱液位信号作为反馈信号，在与给定量比较后的差值通过调节器控制电动调节阀的开度，以达到控制下水箱液位的目的。为了实现系统在阶跃给定和阶跃扰动作用下的无静差控制，系统的调节器应为 PI 或 PID 控制。调节器的参数整定可采用参数工程整定中的任意一种整定方法。本实验系统结构图和方框图如图实 43 - 1 所示。

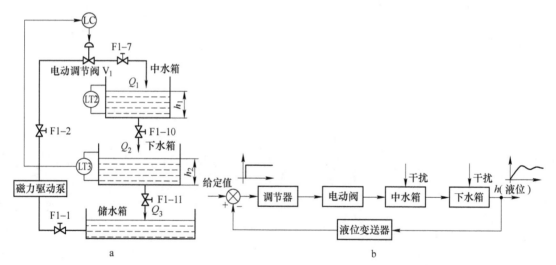

图实 43 - 1　双容液位定值控制系统

a—结构图；b—方框图

需用器件与单元

（1）实验对象及控制屏、SA - 11 挂件一个、SA - 13 挂件一个、SA - 14 挂件一个、计算机一台、万用表一个；

（2）SA - 12 挂件一个、RS485/232 转换器一个、通讯线一根；

（3）SA - 21 挂件一个、SA - 22 挂件一个、SA - 23 挂件一个；

（4）SA - 31 挂件一个、SA - 32 挂件一个、SA - 33 挂件一个、主控单元一个、数据交换器一个、网线两根；

（5）SA - 41 挂件一个、CP5611 专用网卡一个、MPI 编程电缆一根；

（6）SA - 44 挂件一个、PC/PPI 通讯电缆一根。

实验步骤

本实验选择中水箱和下水箱串联作为双容对象（也可选择上水箱和中水箱）。实验之前先将储水箱中贮足水量，然后将阀门 F1 - 1、F1 - 2、F1 - 7 全开，将中水箱出水阀门 F1 - 10 开至适当开度（40% ~ 90%）、下水箱出水阀门 F1 - 11 开至适当开度（30% ~ 80%，要求阀 F1 - 10 稍大于阀 F1 - 11），其余阀门均关闭。

具体实验内容与步骤可根据本实验的目的与原理参照实验四十二"单容液位定值控制系统"中的相应方案进行。实验的接线与实验四十一"单容自衡水箱液位特性测试实验"的接线图完全一样。值得注意的是手自动切换的时间为：当在中水箱液位基本稳定不变（一般约为 3 ~ 5cm）且下水箱的液位趋于给定值时切换为最佳。

实验报告要求

（1）画出双容水箱液位定值控制实验的结构框图。

（2）用实验方法确定调节器的相关参数，写出整定过程。

（3）根据实验数据和曲线，分析系统在阶跃扰动作用下的静、动态性能。

（4）比较不同 PI 参数对系统的性能产生的影响。

（5）分析 P、PI、PD、PID 四种控制方式对本实验系统的作用。

（6）综合分析五种控制方案的实验效果。

思考题

（1）如果采用上水箱和中水箱做实验，其响应曲线与本实验的曲线有什么异同？并分析差异原因。

（2）改变比例度 δ 和积分时间 T_1 对系统的性能产生什么影响？

（3）为什么本实验比"单容液位定值控制系统"更容易引起振荡？要达到同样的动态性能指标，在本实验中调节器的比例度和积分时间常数要怎么设置？

实验四十四　锅炉夹套水温定值控制系统

实验目的

（1）了解单回路温度控制系统的组成与工作原理。

（2）了解 PID 参数自整定的方法及参数整定在整个系统中的重要性。

（3）研究调节器相关参数的改变对温度控制系统动态性能的影响。

（4）分析比较锅炉夹套水温控制与锅炉内胆动态水温控制的控制效果。

基本原理

本实验系统的结构图和方框图如图实 44-1 所示。本实验以锅炉夹套作为被控对象，夹套的水温为系统的被控制量。本实验要求锅炉夹套的水温稳定至给定值，将铂电阻检测到的锅炉夹套温度信号 TT2 作为反馈信号，与给定量比较后的差值通过调节器控制三相调压模块的输出电压（即三相电加热管的端电压），以达到控制锅炉夹套水温的目的。在锅炉夹套水温的定值控制系统中，其参数的整定方法与其他单回路控制系统一样，但由于锅炉夹套的温度升降是通过锅炉内胆的热传导来实现的，所以夹套温度的加热过程容量时延非常大，其控制过渡时间也较长，系统的调节器可选择 PD 或 PID 控制。实验中用变频器支路以固定的小流量给锅炉内胆供循环水，以加快冷却。

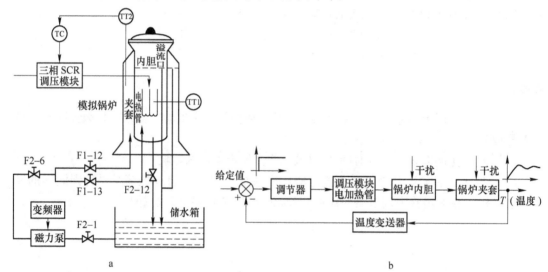

图实 44-1　锅炉夹套水温定值控制系统

a—结构图；b—方框图

需用器件与单元

（1）实验对象及控制屏、SA-11 挂件一个、SA-13 挂件一个、SA-14 挂件一个、计算机一台、万用表一个；

（2）SA-12 挂件一个、RS485/232 转换器一个、通讯线一根；

（3）SA - 21 挂件一个、SA - 22 挂件一个、SA - 23 挂件一个；

（4）SA - 31 挂件一个、SA - 32 挂件一个、SA - 33 挂件一个、主控单元一个、数据交换器一个、网线两根；

（5）SA - 41 挂件一个、CP5611 专用网卡一个、MPI 编程电缆一根；

（6）SA - 44 挂件一个、PC/PPI 通讯电缆一根。

实验步骤

本实验选择锅炉夹套水温作为被控对象，实验之前先将储水箱中贮足水量，然后将阀门 F2 - 1、F2 - 6、F1 - 12 和 F1 - 13 全开，将锅炉出水阀门 F2 - 12 关闭，其余阀门都关闭。将变频器 A、B、C 三端连接到三相磁力驱动泵（220V），打开变频器电源并手动调节变频器频率，给锅炉内胆和夹套贮满水，然后关闭变频器、关闭阀 F1 - 12，打开阀 F1 - 13，为给锅炉内胆供冷水做好准备。

具体实验内容与步骤按五种方案分别叙述，这五种方案的实验与用户所购的硬件设备有关，可根据实验需要选做或全做。实验的接线可按照下面的接线图连接。

（1）智能仪表控制：

1）将 SA - 11、SA - 12 挂件挂到屏上，并将挂件的通讯线插头插入屏内 RS485 通讯口上，将控制屏右侧 RS485 通讯线通过 RS485/232 转换器连接到计算机串口 1，并按照图实 44 - 2 控制屏接线连接实验系统。

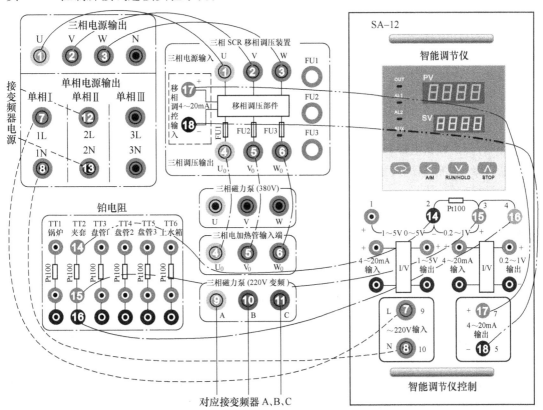

图实 44 - 2　仪表控制"锅炉夹套水温定值控制"实验接线图

2）接通总电源空气开关和钥匙开关，按下启动按钮，合上单相 I 空气开关，给智能仪表上电。

3）打开上位机 MCGS 组态环境，打开"智能仪表控制系统"工程，然后进入 MCGS 运行环境，在主菜单中点击"锅炉夹套水温定值控制"，进入监控界面。

4）将智能仪表设置为"手动"，并将输出值设置为一个合适的值（50% ~ 70%），此操作可通过调节仪表实现。

5）合上三相电源空气开关，三相电加热管通电加热，适当增加/减少智能仪表的输出量，使锅炉夹套的水温平衡于设定值。

6）按控制参数工程整定中的经验法或动态特性参数法整定调节器参数，选择 PID 控制规律，并按整定后的 PID 参数进行调节器参数设置。

7）待锅炉夹套温度稳定于给定值时，将调节器切换到"自动"状态，待水温平衡后，突增（或突减）仪表设定值的大小，使其有一个正（或负）阶跃增量的变化（即阶跃干扰，此增量不宜过大，一般为设定值的 5% ~ 15% 为宜），于是锅炉夹套的水温便离开原平衡状态，经过一段调节时间后，水温稳定至新的设定值，记录此时智能仪表的设定值、输出值和仪表参数，夹套水温的响应过程曲线将如图实 44 - 3 所示。

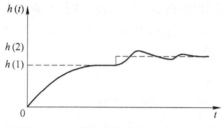

图实 44 - 3　锅炉夹套水温阶跃响应曲线

8）适量改变调节仪的 PID 参数，重复步骤 7），用计算机记录不同参数时系统的响应曲线。

9）打开变频器电源开关，给变频器上电，将变频器设置在适当的频率（19Hz 左右），变频器支路开始往锅炉夹套打冷水，重复步骤 4）~ 8），观察实验的过程曲线与前面不加冷水的过程有何不同。

10）分别采用 P、PI、PD 控制规律重复实验，观察在不同的 PID 参数值下，系统的阶跃响应曲线。

（2）远程数据采集控制：

1）将 SA - 21 挂件、SA - 22 挂件挂到屏上，并将挂件上的通讯线插头插入屏内 RS485 通讯口上，将控制屏右侧 RS485 通讯线通过 RS485/232 转换器连接到计算机串口 1，并按照图实 44 - 4 所示控制屏接线图连接实验系统。

2）接通总电源空气开关和钥匙开关，打开 24V 开关电源，给智能采集模块上电，按下启动按钮。

3）打开上位机 MCGS 组态环境，打开"远程数据采集系统"工程，然后进入 MCGS 运行环境，在主菜单中点击"实验七、锅炉夹套水温定值控制"，进入"实验七"的监控界面。

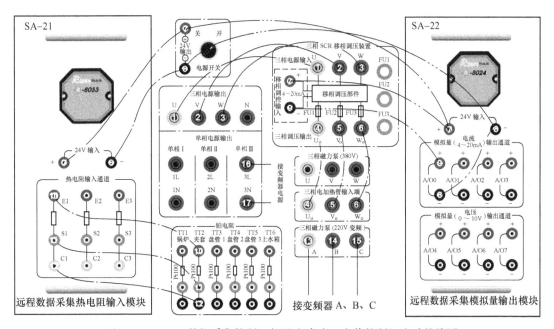

图实44-4　远程数据采集控制"锅炉夹套水温定值控制"实验接线图

4) 以下步骤请参考前面"（1）智能仪表控制"的步骤4）~10）。

（3）DCS 分布式控制：

1) 按照前面的实验组成 DCS 控制系统，将 SA-31 挂件、SA-33 挂件挂到屏上，并将挂件的通讯线插头插入屏内 Profibus-DP 总线接口上，将控制屏左侧 Profibus-DP 总线连接到主控单元 DP 口，并按照图实44-5所示控制屏接线图连接实验系统。

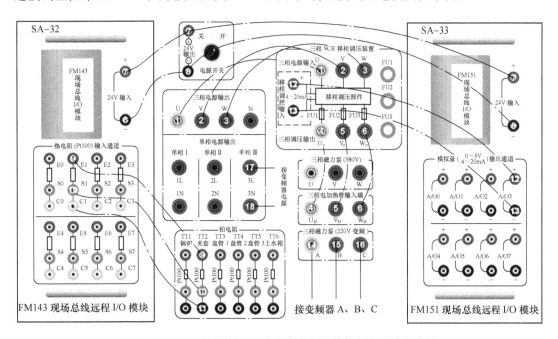

图实44-5　DCS 控制"锅炉夹套水温定值控制"实验接线图

2）接通总电源空气开关和钥匙开关，按下启动按钮，打开 24V 开关电源，给现场总线 I/O 模块上电，打开主控单元电源。启动服务器程序，在工程师站的组态中选择"单回路控制系统"工程进行编译下装，再重新启动服务器程序。

3）启动操作员站，打开主菜单，点击"锅炉夹套水温定值控制"，进入监控界面。在流程图的温度测量值上点击左键，弹出 PID 窗口，可进行相关参数的设置。

4）以下步骤请参考前面"（1）智能仪表控制"的步骤 4）～10）。

（4）S7-200PLC 控制：

1）将"SA-12 智能仪表控制""SA-44S7-200PLC 控制"挂件挂到屏上，并用 PC/PPI 通讯电缆线将 S7-200PLC 连接到计算机串口 1，并按照图实 44-6 所示控制屏接线图连接实验系统。将"LT2 中水箱液位"按钮开关拨到"ON"的位置。本实验需用 SA-12 作温度变送器，其仪表参数设置为：CtrL=0，Sn=21，DIL=0，DIH=100。

2）接通总电源空气开关和钥匙开关，按下启动按钮，合上单相Ⅰ、Ⅱ空气开关，给 S7-200PLC 及变频器上电。

3）打开 Step7-Micro/WIN 软件，并打开"S7-200PLC"程序进行下载，将 S7-200PLC 置于运行状态，然后运行 MCGS 组态环境，打开"S7-200PLC 控制系统"工程，然后进入 MCGS 运行环境，在主菜单中点击"锅炉夹套水温定值控制"，进入监控界面。

4）以下步骤请参考前面"（1）智能仪表控制"的步骤 4）～10）。

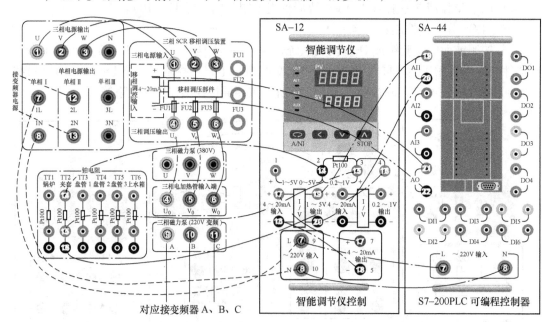

图实 44-6　S7-200PLC 控制"锅炉夹套水温定值控制"实验接线图

（5）S7-300PLC 控制：

1）将 SA-41 挂件挂到屏上，并用 MPI 通讯电缆线将 S7-300PLC 连接到计算机 CP5611 专用网卡，并按照图实 44-7 所示控制屏接线图连接实验系统。

2）接通总电源空气开关和钥匙开关，打开 24V 开关电源，给 S7-300PLC 上电，按下启动按钮。

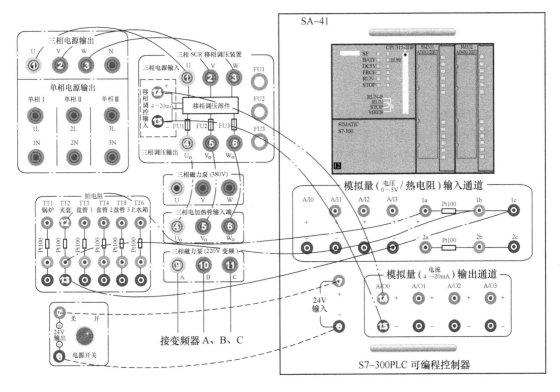

图实 44 – 7　S7 – 300PLC 控制"锅炉夹套水温定值控制"实验接线图

3）打开 Step7 软件，打开"S7 – 300PLC"程序进行下载，将 S7 – 300PLC 置于运行状态，然后运行 WinCC 组态软件，打开"S7 – 300PLC 控制系统"工程，然后激活 WinCC 运行环境，在主菜单中点击"锅炉夹套水温定值控制"，进入监控界面。

4）以下步骤请参考前面"（1）智能仪表控制"的步骤4）~ 10）。

实验报告要求

（1）画出锅炉夹套水温定值控制实验的结构框图。

（2）用实验方法确定调节器的相关参数，写出整定过程。

（3）根据实验数据和曲线，分析系统在阶跃扰动作用下的静、动态性能。

（4）比较不同 PI 参数对系统性能产生的影响。

（5）分析 P、PI、PD、PID 四种控制方式对本实验系统的作用。

（6）综合分析五种控制方案的实验效果。

思考题

（1）在夹套温度控制系统中，为什么用 PD 和 PID 控制，系统的性能并不比用 PI 控制时有明显的改善？

（2）为什么内胆动态水的温度控制比静态水时的温度控制更容易稳定，动态性能更好？

实验四十五　单闭环流量定值控制系统

实验目的

（1）了解单闭环流量控制系统的结构组成与原理。

（2）掌握单闭环流量控制系统调节器参数的整定方法。

（3）研究调节器相关参数的变化对系统静、动态性能的影响。

（4）研究 P、PI、PD 和 PID 四种控制分别对流量系统的控制作用。

（5）掌握同一控制系统采用不同控制方案的实现过程。

基本原理

本实验系统结构图和方框图如图实 45 – 1 所示。被控量为电动调节阀支路（也可采用变频器支路）的流量，实验要求电动阀支路流量稳定至给定值。将涡轮流量计 FT1 检测到的流量信号作为反馈信号，并与给定量比较，其差值通过调节器控制电动调节阀的开度，以达到控制管道流量的目的。为了实现系统在阶跃给定和阶跃扰动作用下的无静差控制，系统的调节器应为 PI 控制，并且在实验中 PI 参数设置要比较大。

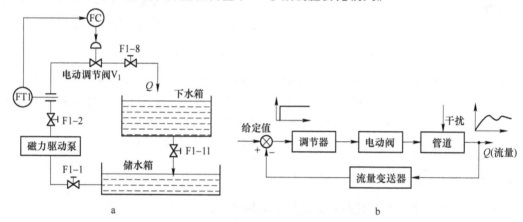

图实 45 – 1　单闭环流量定值控制系统

a—结构图；b—方框图

需用器件与单元

（1）实验对象及控制屏、SA – 11 挂件一个、SA – 13 挂件一个、SA – 14 挂件一个、计算机一台、万用表一个；

（2）SA – 12 挂件一个、RS485/232 转换器一个、通讯线一根；

（3）SA – 21 挂件一个、SA – 22 挂件一个、SA – 23 挂件一个；

（4）SA – 31 挂件一个、SA – 32 挂件一个、SA – 33 挂件一个、主控单元一个、数据交换器一个、网线两根；

（5）SA – 41 挂件一个、CP5611 专用网卡一个、MPI 编程电缆一根；

（6）SA – 44 挂件一个、PC/PPI 通讯电缆一根。

实验步骤

本实验选择电动阀支路流量作为被控对象。实验之前先将储水箱中贮足水量，然后将阀门 F1 - 1、F1 - 2、F1 - 8 和 F1 - 11 全开，其余阀门均关闭。将"FT1 电动阀支路流量"按钮开关拨到"ON"的位置。

具体实验内容与步骤可根据本实验的目的与原理参照实验四十二"单容液位定值控制系统"相应方案进行，根据所选方案的不同分别按图实 45 - 2 ~ 图实 45 - 6 所示的实验接线图连接。

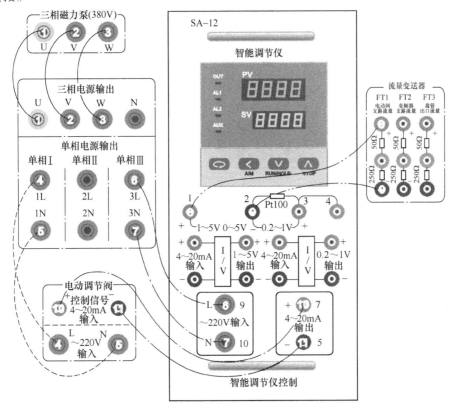

图实 45 - 2　智能仪表控制"单闭环流量定值控制"实验接线图

实验报告要求

（1）画出单闭环流量定值控制实验的结构框图。

（2）用实验方法确定调节器的相关参数，写出整定过程。

（3）根据实验数据和曲线，分析系统在阶跃扰动作用下的静、动态性能。

（4）比较不同 PI 参数对系统的性能产生的影响。

（5）分析 P、PI、PD、PID 四种控制方式对本实验系统的作用。

（6）综合分析五种控制方案的实验效果。

思考题

（1）如果采用变频器支路做实验，其响应曲线与电动阀支路的曲线有什么异同？并分

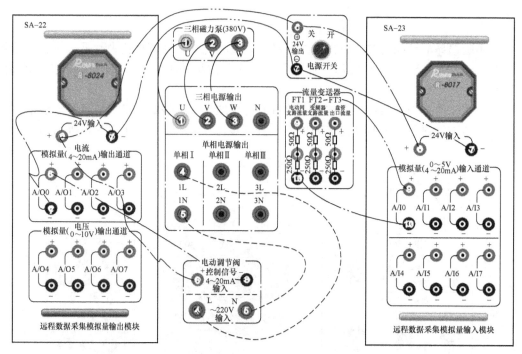

图实 45 - 3　远程数据采集控制"单闭环流量定值控制"实验接线图

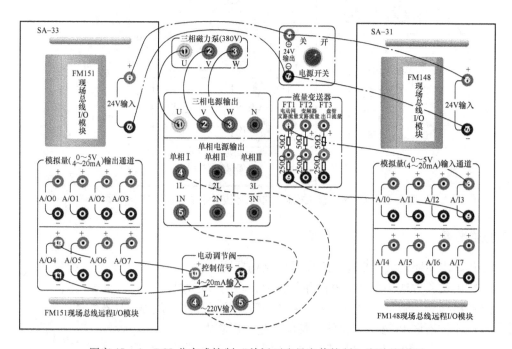

图实 45 - 4　DCS 分布式控制"单闭环流量定值控制"实验接线图

析差异的原因。

（2）改变比例度 δ 和积分时间 T_1 对系统的性能产生什么影响？

（3）在本实验中为什么采用 PI 控制规律，而不用纯 P 控制规律？

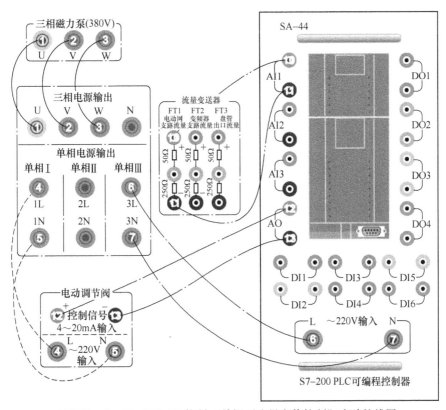

图实 45 – 5　S7 – 200PLC 控制 "单闭环流量定值控制" 实验接线图

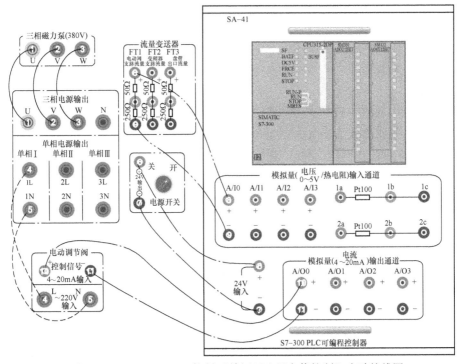

图实 45 – 6　S7 – 300PLC 控制 "单闭环流量定值控制" 实验接线图

第三部分　实训指导

课题一　数字式温度计制作

实训目的

(1) 针对常用传感器进行原理熟知及正确使用；

(2) 学习传感器与单片机的接口处理；

(3) 学习数显仪表的程序编写；

(4) 使用 Protel 软件绘制电路原理图以及印制板电路图。

实训任务及功能要求

(1) 熟悉 ADS590 集成温度传感器的特点；

(2) 熟悉传感器与单片机的接口处理；

(3) 能够利用虚拟软件对形成的 4 位数字温度显示仪表进行仿真，温度显示范围为 0 ~ 150℃；

(4) 掌握印制电路板图设计。

实训设备及元器件

(1) 计算机及其 Proteus 仿真软件和 Protel DXP 电路制作软件；

(2) AD590 集成温度传感器；

(3) AD0806 模数转换器；8051 单片机；四位 LED（LCD）显示器；

(4) 若干电阻与电容等。

实训内容

(1) ADS590 传感器。AD590 是由美国哈里斯（Harris）公司、模拟器件公司（ADI）等生产的恒流源式模拟集成温度传感器。它兼有集成恒流源和集成温度传感器的特点，具有测量误差小、动态阻抗高、响应速度快、传输距离远、体积小、微功耗等优点，适合远距离测温、控温，不需要进行非线性校准。

AD590 产生的电流与绝对温度成正比，它可接收的工作电压为 4 ~ 30V，检测的温度范围为 -55 ~ +150℃，它有非常好的线性输出性能，温度每增加 1℃，其电流增加 1μA。AD590 温度与电流的关系如表课 1 - 1 所示。

表课 1 – 1　AD590 温度与电流的关系

温度/℃	AD590 电流/μA	经 10kΩ 电压/V
0	273. 2	2. 732
10	283. 2	2. 832
20	293. 2	2. 932
30	303. 2	3. 032
40	313. 2	3. 132
50	323. 2	3. 232
60	333. 2	3. 332
100	373. 2	3. 732

AD590 常采用 TO – 52 封装，其原理图符号如图课 1 – 1 所示。

（2）A/D 转换器（ADC0809）。ADC0809 是带有 8 位 A/D 转换器、8 路多路开关以及微处理器兼容的控制逻辑的 CMOS 组件。它是逐次逼近式 A/D 转换器，可以和单片机直接接口。

图课 1 – 1　AD590 原理图符号

1）ADC0809 的内部逻辑结构。由图课 1 – 2 可知，ADC0809 由一个 8 路模拟开关、一个地址锁存与译码器、一个 A/D 转换器和一个三态输出锁存器组成。多路开关可选通 8 个模拟通道，允许 8 路模拟量分时输入，共用 A/D 转换器进行转换。三态输出锁存器用于锁存 A/D 转换完的数字量，当 OE 端为高电平时，才可以从三态输出锁存器取走转换完的数据。

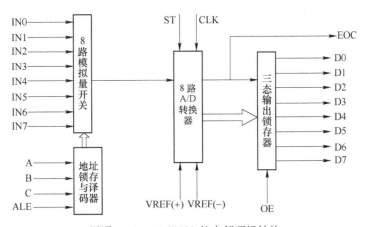

图课 1 – 2　ADC0809 的内部逻辑结构

2）引脚结构。图课 1 – 3 为 ADC0809 的管脚图。IN0 ~ IN7：8 条模拟量输入通道。ADC0809 对输入模拟量的要求为：信号单极性，电压范围是 0 ~ 5V，若信号太小，必须进行放大；输入的模拟量在转换过程中应该保持不变，如若模拟量变化太快，则需在输入前增加采样保持电路。

地址输入和控制线：4 条，ALE 为地址锁存允许输入线，高电平有效。当 ALE 线为高电平时，地址锁存与译码器将 A、B、C 三条地址线的地址信号进行锁存，经译码后被选中的通道的模拟量进转换器进行转换。A、B 和 C 为地址输入线，用于选通 IN0 ~ IN7 上的一路模拟量输入。通道选择如表课 1 - 2 所示。

表课 1 - 2　ADC0809 的通道选择表

C	B	A	选择的通道
0	0	0	IN0
0	0	1	IN1
0	1	0	IN2
0	1	1	IN3
1	0	0	IN4
1	0	1	IN5
1	1	0	IN6
1	1	1	IN7

数字量输出及控制线：11 条。

ST 为转换启动信号。当 ST 上跳沿时，所有内部寄存器清零；下跳沿时，开始进行 A/D 转换；在转换期间，ST 应保持低电平。EOC 为转换结束信号。当 EOC 为高电平时，表明转换结束；否则，表明正在进行 A/D 转换。OE 为输出允许信号，用于控制三条输出锁存器向单片机输出转换得到的数据。OE = 1，输出转换得到的数据；OE = 0，输出数据线呈高阻状态。D7 ~ D0 为数字量输出线。

CLK 为时钟输入信号线。因 ADC0809 的内部没有时钟电路，所需时钟信号必须由外界提供，通常使用频率为 500kHz，VREF（+）、VREF（-）为参考电压输入，如图课 1 - 3 所示。

3）ADC0809 应用说明：

①ADC0809 内部带有输出锁存器，可以与 AT89S51 单片机直接相连。

②初始化时，使 ST 和 OE 信号全为低电平。

③送要转换的那一通道的地址到 A、B、C 端口上。

④在 ST 端给出一个至少有 100ns 宽的正脉冲信号。

⑤是否转换完毕，我们根据 EOC 信号来判断。

⑥当 EOC 变为高电平时，这时给 OE 为高电平，转换的数据就输出给单片机了。

图课 1 - 3　ADC0809 的管脚图

4）电路工作原理。

数字温度计工作原理框图如图课 1 - 4 所示。测温元件 AD590 将 - 55 ~ + 150℃之间的温度信号转换成相应的电流，再经过 10kΩ 电阻转换成 2.182 ~ 4.232V 的电压变化，此电压经模数转换器转换成八位二进制的数码，送入单片机，经过单片机进行标度转换及数显转换，从而驱动七段四位数码显示器。

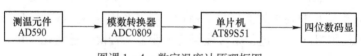

图课 1 - 4　数字温度计原理框图

实训电路

数字温度计电路图如图课 1 - 5 所示。温度信号经 ADS590 传感器转换为相应的电流信

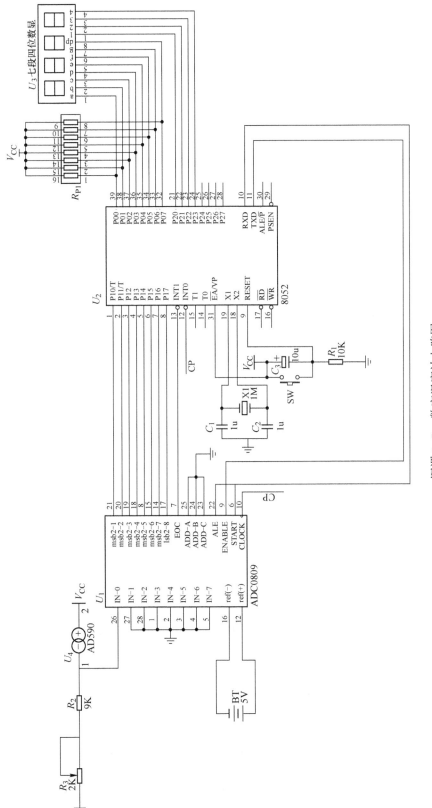

图课 1-5　数字温度计电路图

号，再经电阻转换为对应的模拟电压信号，将该信号接入模数转换器 ADC0809 的 IN0 输入口，经过模数转换为八位数字量输出。单片机 89S51 的 P1 口用做数据输入口，P0 口用做动态七段数码显的数码输出口，P2.0 ~ P2.3 用做四位数码显示管的位选输出口。P3.0 与 ADC0809 的 ST 端子相连接，为转换启动信号端。P3.1 与 ADC0809 的 OE 端子相连接，为输出允许信号端。P3.2 与 ADC0809 的 EOC 端子相连接，为转换结束并提请单片机中断进行数据读取的信号端。P3.3 与 ADC0809 的 CLK 端子相连接，为时钟输入信号端。ADC0809 的 $A_2 A_1 A_0$ 端子接地，以保证通道 IN0 为数据输入端。

程序流程图

　　主程序与中断 1 程序的流程图如图课 1 - 6 与图课 1 - 7 所示。

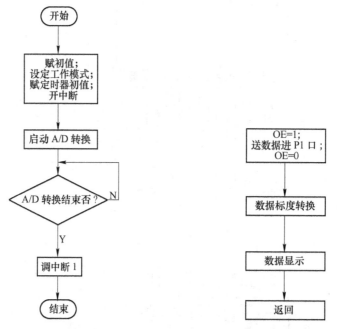

图课 1 - 6　主程序流程图　　　　　图课 1 - 7　中断 1 程序流程图

　　由于 AD590 的温度变化范围在 - 55 ~ + 150℃ 之间，经过 10kΩ 电阻转换之后采样到的电压变化在 2.182 ~ 4.232V 之间，不超过 5V 电压所表示的范围，因此参考电压取电源电压 VCC（实测 VCC = 5V）。由此可计算出经过 A/D 转换之后的摄氏温度显示的数据为：
　　如果 2500D/128 < 2732，则显示的温度值为 - (2732 - 2500D/128)；如果 2500D/128 ⩾ 2732，则显示的温度值为 + (2500D/128 - 2732)，这里的 2732mV 是温度为 0℃ 时所对应的转换电压。可根据此分析来实现数据的标度转换。

仿真效果

　　在图课 1 - 8 所示的数字温度计仿真电路图中，利用恒流源和相应的滑动电阻 RV1 来模仿输入 AD590 在不同温度下输入的电压值，并将程序编译产生的 XXX.HEX 文件加载到 AT89C51 芯片上，按动仿真运行开关，观察程序运行结果。

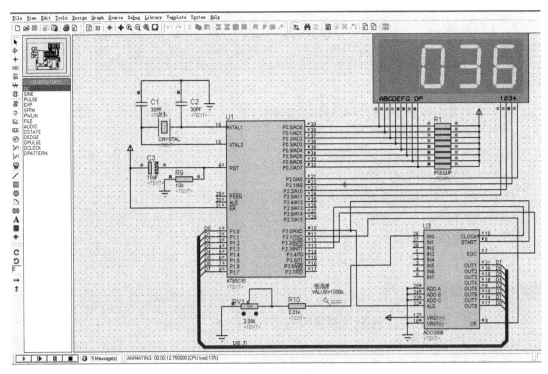

图课 1 - 8　数字温度计仿真电路图

课后训练

试采用 PROTEL 软件设计相应的印制板电路，并完成电路组装及调试。

课题二　智能调节仪的使用及 PID 参数经验法整定

实训目的

（1）针对常用传感器进行原理熟知及正确使用；

（2）了解温度及转速控制的基本原理；

（3）熟悉自动控制系统的性能及其指标；

（4）学习智能调节仪的使用；

（5）熟悉针对不同的控制对象来进行 PID 参数的设定；

（6）团队精神，分工合作；

（7）查阅资料的能力；

（8）撰写报告的能力：任务书、制作报告。

实训任务及功能要求

（1）针对温度源或直流电机完成温度或转速的调节；

（2）撰写实训报告书；

（3）熟悉 Pt100 温度传感器及光电传感器的特点；

（4）熟悉智能调节仪的使用；

（5）能够针对不同的控制对象来进行 PID 参数的设定。

实训设备及元器件

（1）主机箱；

（2）温度源；

（3）Pt100 温度传感器；

（4）电压表；

（5）频率/转速表；

（6）转动源；

（7）光电断续器。

实训电路

温度控制原理框图如图课 2 - 1 所示，温度源的温度控制实验接线示意图如图课 2 - 2 所示。

实训内容

（1）Pt100 铂电阻测温传感器。

（2）温度源。

（3）智能调节仪的使用。

1）设置调节仪温度控制参数：将主机箱上的转速调节旋钮（0 ~ 24V）顺时针转到底

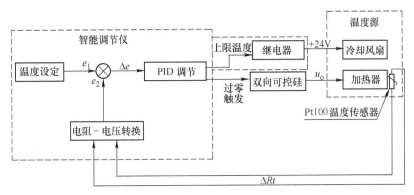

图课 2 - 1　温度控制原理框图

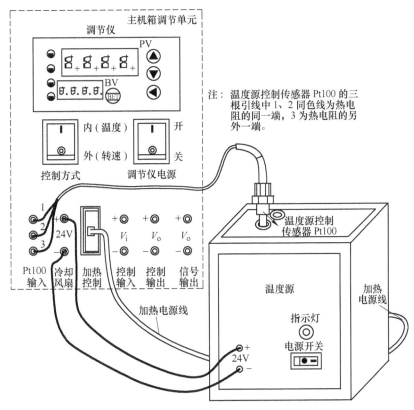

图课 2 - 2　温度源的温度控制实验接线示意图

（24V），将调节器控制对象开关拨到 R_t、V_i 位置，再合上调节器电源开关，仪表上电后，仪表的上显示窗口（PV）显示随机数或 HH；下显示窗口（SV）显示控制给定值或交替闪烁显示控制给定值。按 SET 键并保持约 3s，即进入参数设置状态。在参数设置状态下按 SET 键，仪表将依次显示各参数，例如上限报警值 AL - 1、参数锁 Lock 等，此时分别按 ▼、▲、◄ 三键可修改参数值。长按 ▼、▲ 可快速加或减，按 ◄ 键并保持不放，可返回显示上一参数。先按 ◄ 键不放接着再按 SET 键可退出设置参数状态。如果没有按键操作，约 10s 后会自动退出设置参数状态。

　　具体设置温度控制参数方法步骤如下：

　　①按 SET 键并保持约 3s，仪表进入参数设置状态；PV 窗显示 AL－1（上限报警）。再按 SET 键 11 次，PV 窗显示 Sn（输入方式），按▼、▲键可修改参数值，使 SV 窗显示 Pt1。

　　②再按 SET 键，PV 窗显示 Op_ A（主控输出方式），按▼、▲键可修改参数值，使 SV 窗显示 2。

　　③再按 SET 键，PV 窗显示 Op_ b（副控输出方式），按▼、▲键可修改参数值，使 SV 窗显示 1。

　　④再按 SET 键，PV 窗显示 ALP（报警方式），按▼、▲键可修改参数值，使 SV 窗显示 1。

　　⑤再按 SET 键，PV 窗显示 Cool（正反控制选择），按▼键，使 SV 窗显示 0。

　　⑥再按 SET 键，PV 窗显示 P－SH（显示上限），按▼、▲、◀键修改参数值，使 SV 窗显示 180。

　　⑦再按 SET 键，PV 窗显示 P－SL（显示下限），按▼、▲、◀键修改参数值，使 SV 窗显示 －199。

　　⑧再按 SET 键，PV 窗显示 Addr（通讯地址/打印时间），按▼、▲、◀键修改参数值，使 SV 窗显示 1。

　　⑨再按 SET 键，PV 窗显示 bAud（通讯波特率/报警定义），按▼、▲、◀键修改参数值，使 SV 窗显示 9600。

　　⑩若 10s 不操作或按 SET＋◀键退出。按 SET 键并保持约 3s，仪表进入参数设置状态；PV 窗显示 AL－1（上限报警），用▼、▲、◀键可修改参数值，使 SV 窗显示实验温度（高于室温），如 50。

　　⑪再按 SET 键，PV 窗显示 Pb（传感器误差修正），按▼、▲、◀键修改参数值，使 SV 窗显示 0。

　　⑫再按 SET 键，PV 窗显示 P（速率参数），按▼、▲、◀键修改参数值，使 SV 窗显示 280。

　　⑬再按 SET 键，PV 窗显示 I（保持参数），按▼、▲、◀键修改参数值，使 SV 窗显示 380。

　　⑭再按 SET 键，PV 窗显示 d（滞后时间），按▼、▲、◀键修改参数值，使 SV 窗显示 70。

　　⑮再按 SET 键，PV 窗显示 Filt（滤波系数），按▼、▲、◀键修改参数值，使 SV 窗显示 2。

　　⑯再按 SET 键，PV 窗显示 dp（小数点位置），按▼、▲键修改参数值，使 SV 窗显示 1。

　　⑰再按 SET 键，PV 窗显示 outH（输出上限），按▼、▲、◀键修改参数值，使 SV 窗显示 110。

　　⑱再按 SET 键，PV 窗显示 outL（输出下限），长按▼键，使 SV 窗显示 0 后释放▼键。

　　⑲再按 SET 键，PV 窗显示 At（自整定状态），按▼键修改参数值，使 SV 窗显示 0。

⑳再按 SET 键，PV 窗显示 Lock（密码锁），按▼键修改参数值，使 SV 窗显示 0。

㉑若 10s 不操作或按 SET + ◀键退出。到此，调节仪的控制参数设置完成。

2）按住▲键并保持约 3s，仪表进入"SP"给定值（实验值）设置，此时可按◀、▼、▲键设定实验温度值，使 SV 窗显示值与 AL-1 上限报警值一致（50.0）。

3）关闭主机箱总电源开关，按图课 2-2 示意图接线。

4）检查接线无误后，合上主机箱总电源和调节仪电源，将温度源电源开关打开（O 为关，-为开）。

5）较长时间观察 PV 窗测量值的变化过程（最后在 SV 给定值左右调节波动）。

6）以后（温度在大于等于室温 10℃，小于等于 160℃范围内），每次改变温度实验值都必须按 SET 键并保持约 3s，仪表进入参数设置状态；PV 窗显示 AL-1（上限报警），按▼、▲、◀键修改实验温度值，使 SV 窗显示实验温度（在原有的实验温度值增加 10℃）；若 10s 不操作或按 SET + ◀键退出之后；按住▲键并保持约 3s，仪表进入"SP"给定值（实验值）设置，此时可按◀、▼、▲键设定实验温度值，使 SV 窗显示实验温度与 AL-1 上限报警值一致。

（4）PID 参数整定。

1）过程控制系统的质量指标。在比较不同控制方案时，应首先规定评价控制系统的优劣程度的性能指标，一般情况下，主要采用以阶跃响应曲线形式表示的质量指标。

控制系统最理想的过渡过程应具有什么形状，没有绝对的标准，主要依据工艺要求而定，除少数情况不希望过渡过程有振荡外，大多数情况则希望过渡过程是略带振荡的衰减过程。其过渡过程曲线如图课 2-3 所示。

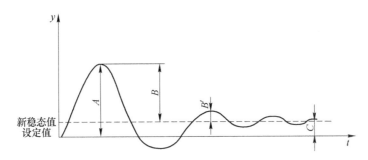

图课 2-3　温度控制系统过渡过程曲线

在阶跃信号作用下常以下面几个特征参数作为质量指标。

①衰减比 n。这是表示衰减过程响应曲线衰减程度的指标。数值上等于同方向两个相邻波峰值之比，即：

$$n = \frac{B}{B'}$$

显然当 $n=1$ 为等幅振荡；$n<1$ 为发散振荡；$n>1$ 为衰减振荡。为保持系统有足够的稳定程度，工程上常取衰减比为 4:1 ~ 10:1。

②峰值时间 t_p。峰值时间是指过渡过程曲线达到第一个峰值所需要的时间。T_p 越小表明控制系统反应越灵敏。这是反映系统快速性的一个动态指标。

过渡时间 t_s：

过渡时间是指控制系统受到扰动作用后，被控变量从过渡状态恢复到新的平衡状态所经历的最短时间。

③最大偏差 A。

对于一个稳定的定值控制系统来说，最大偏差是指被控变量第一个波峰值与设定值的差。

最大偏差（或超调量）表示被控变量偏离设定值的程度。A（或 σ）越大，表示偏离生产规定的状态越远，特别是对一些有危险限制的情况，如化学反应器的化合物爆炸极限等，应特别慎重，以确保生产安全进行。

④余差 C

余差是指过渡过程终了时新稳态值与设定值之差。它是反映控制系统控制精度的静态指标，一般希望它为零或不超过工艺设计的范围。

2）简单控制系统的投运及控制器参数的工程整定。

①简单控制系统的投运。经过控制系统设计、仪表调校、安装，接下去的工作是控制系统投运，也就是将工艺生产从手操状态切入自动控制状态。

控制系统投运前应做好如下的准备工作：

第一，详细了解工艺，对投运中可能出现的问题有所估计。

第二，吃透控制系统的设计意图。

第三，在现场，通过简单的操作对有关仪表（包括控制阀）的功能作出是否可靠且性能是否基本良好的判断。

第四，设置好控制器正反作用和 P、I、D 参数。

第五，按无扰动切换（指手、自动切换时阀上信号基本不变）的要求将控制器切入自动。

②控制器参数的工程整定。控制器参数整定的任务，是对已定的控制系统求取保证控制过程质量为最好的参数。

目前整定参数的方法有两大类。

一类是理论计算整定的方法，如频率特性法、根轨迹法等，这些方法都是要获取对象的动态特性，而且比较费时，因而在工程上多不采用。

一类是工程整定的方法，如经验法、临界比例度法和衰减曲线法等，它们都不需要获得对象的动态特性，而直接在闭合的控制回路中进行整定，因而简单、方便，适合在工程上实际应用。

一是经验法。它是根据经验先将控制器参数 $\delta\%$、T_I、T_D 放在某些数值上，直接在闭合的控制系统中通过改变给定值以施加干扰，看输出曲线的形状，再对 $\delta\%$、T_I、T_D 的参数进行调整凑试，直到合适为止。

二是临界比例度法。将控制器的积分作用和微分作用除去，按比例度由大到小的变化规律，对应于某一 $\delta\%$ 值作小幅度的设定值阶跃干扰，以获得临界情况下的临界振荡。这时候的比例度叫做临界比例度 δ_k，振荡的两个波峰之间的时间即为临界振荡周期 T_k。然后可按表课 2－1 所列经验算式，求取控制器参数的最初设定值。观察系统的响应过程，若曲线不符合要求，再适当调整整定参数值。

表课 2 - 1　临界比例度法整定参数表

控制规律	$\delta/\%$	T_I/min	T_D/min
P	$2\delta_k$		
PI	$2.2\delta_k$	$0.85T_k$	
PID	$1.7\delta_k$	$0.5T_k$	$0.13T_k$

三是衰减曲线法。这种方法是以得到具有通常所希望的衰减比（4:1）的过渡过程为整定要求。

其方法是：在纯比例作用下，由大到小调整比例度，以得到具有衰减比的过渡过程，记下此时的比例度 δ_s 及振荡周期 T_s，根据表课 2 - 2 所列经验公式，求出相应的积分时间 T_I 和微分时间 T_D。

表课 2 - 2　4:1 衰减曲线法整定计算表

控制规律	$\delta/\%$	T_I/min	T_D/min
P	δ_S		
PI	$1.2\delta_S$	$0.5T_S$	
PID	$0.8\delta_S$	$0.3T_S$	$0.1T_S$

四是响应曲线法。这是一种根据广义对象的时间特性来整定参数的方法。

③控制器参数的工程整定实验（写出数据分析报告）。按 SET 键并保持约 3s，即进入参数设置状态，只大范围改变控制参数 P、I 或 d 的其中之一设置值（注：其他任何参数的设置值不要改动），观察 PV 窗测量值的变化过程（控制调节效果）。这说明了什么问题？

数据分析

试画出温度控制系统在不同的 P、I、D 参数设置下的过渡过程曲线，并分析其特征参数。

课后训练

试用 Matlab 软件建模仿真此温度控制系统。

参 考 文 献

［1］天煌教仪. THSA－1型过控综合自动化控制系统实验平台实验指导书. 浙江：浙江天煌科技实业有限公司，2006.

［2］肖红征. 传感器实验教材. 攀枝花：内部自编教材，2003.

［3］传感器与检测技术实验台用户手册. 浙江：浙江高联科技开发有限公司，2003.

冶金工业出版社部分图书推荐

书　名	作　者	定价(元)
现代企业管理（第2版）（高职高专教材）	李　鹰	42.00
Pro/Engineer Wildfire 4.0（中文版）钣金设计与焊接设计教程（高职高专教材）	王新江	40.00
Pro/Engineer Wildfire 4.0（中文版）钣金设计与焊接设计教程实训指导（高职高专教材）	王新江	25.00
应用心理学基础（高职高专教材）	许丽遐	40.00
建筑力学（高职高专教材）	王　铁	38.00
建筑CAD（高职高专教材）	田春德	28.00
冶金生产计算机控制（高职高专教材）	郭爱民	30.00
冶金过程检测与控制（第3版）（高职高专教材）	郭爱民	48.00
天车工培训教程（高职高专教材）	时彦林	33.00
机械制图（高职高专教材）	阎　霞	30.00
机械制图习题集（高职高专教材）	阎　霞	28.00
冶金通用机械与冶炼设备（第2版）（高职高专教材）	王庆春	56.00
矿山提升与运输（第2版）（高职高专教材）	陈国山	39.00
高职院校学生职业安全教育（高职高专教材）	邹红艳	22.00
煤矿安全监测监控技术实训指导（高职高专教材）	姚向荣	22.00
冶金企业安全生产与环境保护（高职高专教材）	贾继华	29.00
液压气动技术与实践（高职高专教材）	胡运林	39.00
数控技术与应用（高职高专教材）	胡运林	32.00
洁净煤技术（高职高专教材）	李桂芬	30.00
单片机及其控制技术（高职高专教材）	吴　南	35.00
焊接技能实训（高职高专教材）	任晓光	39.00
心理健康教育（中职教材）	郭兴民	22.00
起重与运输机械（高等学校教材）	纪　宏	35.00
控制工程基础（高等学校教材）	王晓梅	24.00
固体废物处置与处理（本科教材）	王　黎	34.00
环境工程学（本科教材）	罗　琳	39.00
机械优化设计方法（第4版）	陈立周	42.00
自动检测和过程控制（第4版）（本科国规教材）	刘玉长	50.00
金属材料工程认识实习指导书（本科教材）	张景进	15.00
电工与电子技术（第2版）（本科教材）	荣西林	49.00
计算机网络实验教程（本科教材）	白　淳	26.00
FORGE塑性成型有限元模拟教程（本科教材）	黄东男	32.00